纺织服装"十四五"部委级规划教材

服装创意立体裁剪

FASHION DRAPING

修订版

张馨月 编著

东华大学出版社

·上海·

图书在版编目（CIP）数据

服装创意立体裁剪 / 张馨月编著 . — 修订本 . —上海：
东华大学出版社，2022.1
　ISBN 978-7-5669-2035-5

　Ⅰ . ①服… Ⅱ . ①张… Ⅲ . ①立体裁剪 Ⅳ . ① TS941.631

中国版本图书馆 CIP 数据核字 (2022) 第 017495 号

责任编辑　谢　未
编辑助理　唐晓静
装帧设计　王　丽

服装创意立体裁剪（修订版）
Fuzhuang Chuangyi Liti Caijian

编　　著：张馨月
出　　版：东华大学出版社
　　　　（上海市延安西路 1882 号　邮政编码：200051）
出版社网址：http://www.dhupress.net
天猫旗舰店：http://dhdx.tmall.com
营销中心：021-62193056　62373056　62379558
印　　刷：上海当纳利印刷有限公司
开　　本：889 mm×1194 mm　1/16
印　　张：8
字　　数：282 千字
版　　次：2022 年 1 月第 2 版
印　　次：2023 年 2 月第 2 次印刷
书　　号：ISBN 978-7-5669-2035-5
定　　价：49.80 元

目 录

前 言

　　立体裁剪是一门神奇的服装制板艺术，它是围绕立体的人体形态与创作者实时互动的打板艺术，它是服装制板的始祖。早在原始人类使用兽皮、树叶在身体上适型以遮体时，便出现了简单的立体裁剪。立体裁剪从最初到现在，"人体"是它亘古不变的中心，它们就像无法分割的"恋人"，永远环抱起舞……

　　探讨立体裁剪与人体之间的关系，实则是立体裁剪研究的核心内容。人体与立体裁剪坯布间有着千变万化的转换关系，只满足于课堂上教授的几个经典款式是无法深入到立体裁剪世界中去的。设计者应转变立体裁剪制板的传统思维，打开立体裁剪与人体相连的多条纽带，在传统的先设计后制板的同时，开发先造型再设计、边造型边设计的立体裁剪操作模式，使立体裁剪不再是一种技术手段，同时也成为一种创意手段。

　　本书在编写过程中，列举了大量的立体裁剪操作实例，这其中包括笔者大量的实验作品，也包含鲁迅美术学院历年来学生们的优秀立体裁剪作品，在这里向为本书提供优秀作品的同学们致谢。

　　我与立体裁剪有着难解之缘，自从 2004 年获中国立体裁剪服装造型设计大赛金奖以来，对立体裁剪的热爱便一发不可收拾。我将全部的热情都投入到立裁的创作与教学中。每当看见指导的学生参加立体裁剪大赛获奖，每当在课堂上看见学生们对立裁知识渴望的眼神，我的内心一次次被立裁点燃！我热爱它，愿为它付出毕生精力，可以说立体裁剪是我的另一种生命形式！

　　在这本书中，我将我所领悟的立裁世界与你分享，与你一同聆听立体裁剪与人体之间的美妙情歌，反复吟唱、体味这玄妙世界。

作者

于 2021 年 12 月

第一章 创意立体裁剪的设计原理

第一节 人体与创意立体裁剪的关系

一、人体的特点

人体外部形态以皮肤、肌肉、骨骼为主要构成，左右对称，并具有一定的比例特征。我国成年男性、女性人体身高的比例为 7 ~ 7.5 个头长。优美的人体以肚脐为黄金分割点，肚脐以上的身体长度与肚脐以下的比值是 0.618∶1（图 1-1）。

在人体特征大致相同的情况下，男性、女性的人体也具有各自的形态特征。女性胸部突出，臀部、胯部丰硕，整体形态呈正三角形。男性肩部宽阔、胸部平坦、胯部瘦窄、整体形态呈倒三角形。

二、创意立体裁剪的特点

创意立体裁剪，即使用立体裁剪的技术与技巧，充分利用面料与人体形态特征之间的关系，设计并制作出非生活中常见服装款式造型的服装设计作品。

创意立体裁剪作品不同于生活中常见的服装款式造型，它更加新颖、生动，出乎想象。它必须与人体特征紧密结合，运用人体不同部位的体型特点进行设计，并制作出意想不到的服装造型作品。

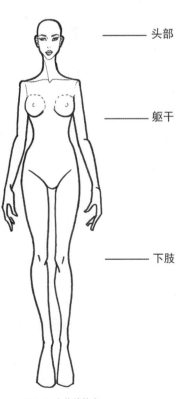

头部

躯干

下肢

图 1-1 人体的特点

第二节 创意立体裁剪成立的关键依据

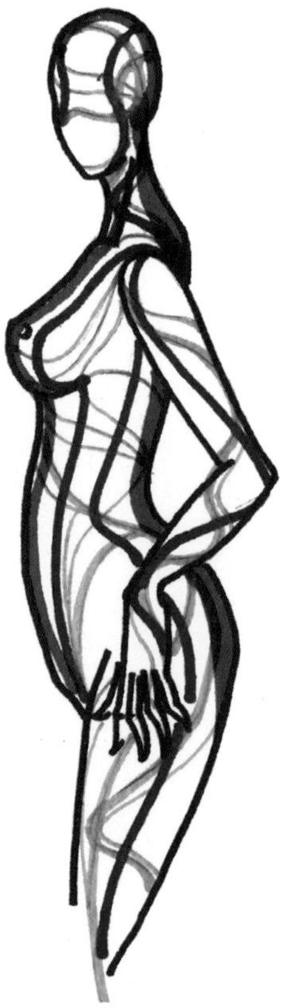

一、围绕人体曲线进行设计

颈部前倾、胸部突出、臀部鼓翘，这是众多女性追求的理想 S 形身材。然而除了优美的 S 形曲线外，人体中还有数不尽的优美弧线。仔细观察人体的每一部位，优美的弧线无处不在（图 1-2）。

人体中的弧线是身体弧面的组成线，善于发现优美的、不寻常的弧线是服装创意立体裁剪的关键所在。围绕人体的弧面结合线可以得出无数的服装造型。弧线是关键，弧线以上的造型可以自由想象与变化。有些立体造型需要反复寻找、探索可支撑的弧线，这是一个有趣的试验过程。

如图 1-3 至~图 1-10 "鱼"系列作品，此作品将鱼鳍造型运用合适的人体弧线进行支撑，使服装无论从正面、左右侧面、背面看，都可得到造型优美、顺畅、立体的视觉效果。

此系列服装的制作难点在于鱼鳍支撑弧线的寻找，此弧线由左胯点，经前胸、右侧颈点过后背弧线至右胯点结束。此条弧线若想做到比例优美，位置准确，必须经过反复的试验与微调。不同位置、角度的弧线，可能上下、左右位置差距只有分毫，但对于造型撑起的立体程度则会产生不同的效果。

图 1-2 人体曲线

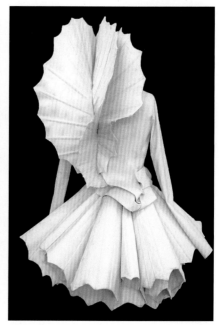

图 1-3 正面效果

系列作品"鱼之1"，　作者：郭婷

图 1-4 右侧面效果

图 1-5 背面效果

图 1-6 正侧面效果

图 1-7 左侧面效果 1

图 1-8 右侧面效果

系列作品"鱼之 2"，作者：郭婷

图 1-9 左侧面效果 2

图 1-10 背面效果

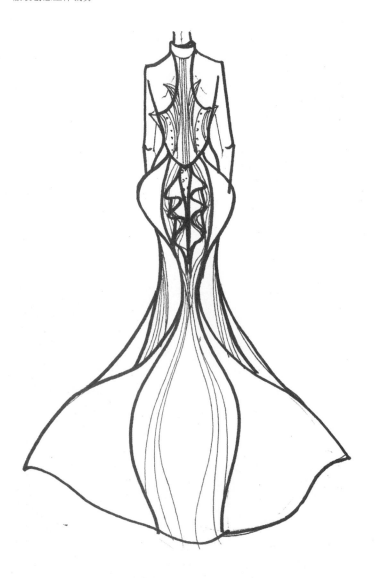

组图 1-11 的手绘作品也充分利用了人体弧线来支撑服装的款式造型。

组图 1-11 效果图

二、围绕人体支撑点进行设计

　　由于肌肉、关节、骨骼等构成原因，人体体表形成了诸多球形、半球形、不规则形等突出点。如肩、肩胛骨突、肘、胸（女性尤为突出）、腹、胯、臀、膝等。这些突出点也成为创意立体裁剪服装设计的支撑点。仔细分析，围绕人体支撑点，结合人体弧线进行设计是创意立体裁剪服装的一大特点。

　　（1）组图 1-12 作品为"日驰尼"杯首届立体裁剪设计大赛的金奖作品。此款服装充分利用了人体支撑点及人体弧线进行设计制作，层次分明，造型创意感及流线韵律感强烈。

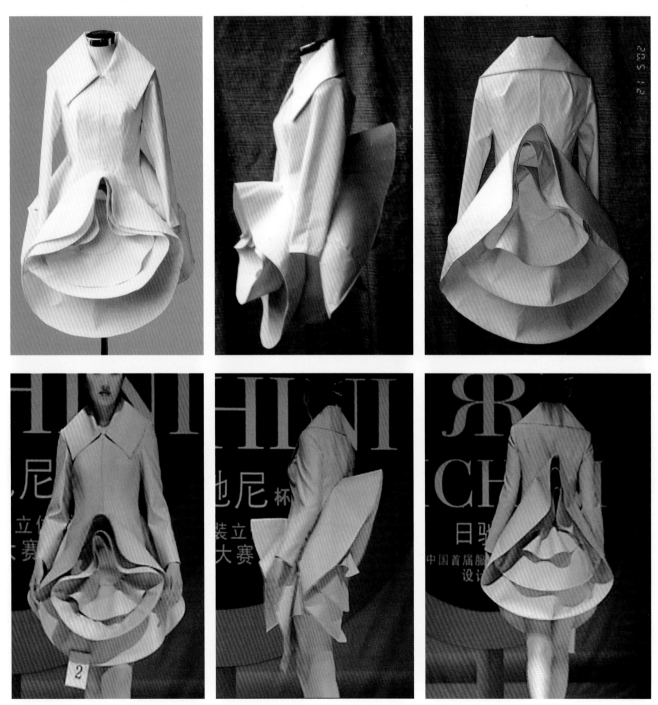

组图 1-12 "日驰尼"杯首届立体服装设计大赛金奖作品（作者：张馨月）

此款服装前身及后身的立体花朵造型是设计的重点及难点，设计师通过反复试验寻找到与人体结合的最佳支撑点与支撑弧线。尤其是花朵的最外轮廓。若想达到理想的撑起效果，面料黏衬的选择及支撑点、支撑弧线的寻找是造型成功的关键。

下面是花朵造型中最难塑造的前后外圈轮廓的制板过程。由于轮廓需翘起，在实际制作时面料需黏最厚、最硬的树脂衬，故在打板时可以直接使用纸张在人台上造型打板（组图 1-13）。

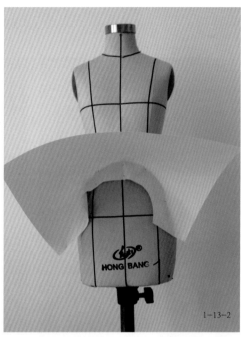

1-13-1

1-13-2

①先将纸粗裁一下，初步固定在前腹部，如图 1-13-1，找到立体造型的最高点，用大头针固定，此点为主要支撑点。顺此点将纸向两侧下方捋，找到与人体贴合的圆顺弧线，此弧线为支撑弧线，如图 1-13-3 中黑色虚线。在寻找弧线的过程中，在两侧固定两个次要支撑点，将外轮廓造型固定。支撑弧线与三个支撑点需耐心反复地寻找，以得到最佳的造型效果。

②再将外轮廓的下半部分用另一张纸衔接打板，下面轮廓不起支撑造型的作用，故只需与上半部分衔接顺畅即可，如图 1-13-4 ~ 图 1-13-6。

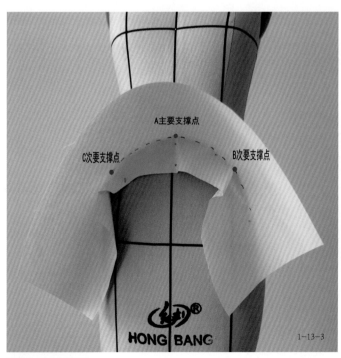

A主要支撑点

C次要支撑点　　　　B次要支撑点

1-13-3

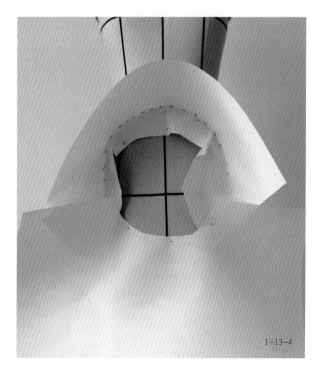

1-13-4

组图 1-13 制板过程

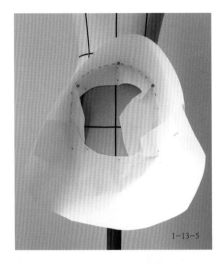

1-13-5

③后片，将纸粗裁后固定在人台后背（图 1-13-7），根据造型位置定取主要支撑点，即造型最高点（图 1-13-8）。与前面造型制作一样，将纸向下两侧将，由于后片造型最高线比前片起翘高（如图 1-13-9 中红色直线），后片臀部比腹部更加凸起，故后片支撑点及支撑弧线的寻找相对较难，需要反复试验才能得到准确的支撑点及支撑弧线（图 1-13-10）。

④与前片结构一样，上半部分造型确立后即可制作下半部分，下轮廓不起支撑作用，与上轮廓衔接顺畅即可，如图 1-13-10 ～图 1-13-13。

⑤从前、侧、背面观察前后外轮廓造型，修剪妥当后即可制作里面的花瓣层次。里面的花瓣取半弧度长条布料，由于不起支撑作用，因此适当部分掐褶固定即可，制作方法比较简单。

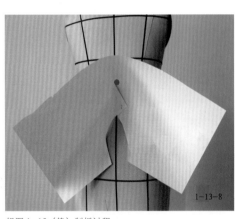

1-13-8

组图 1-13（续）制板过程

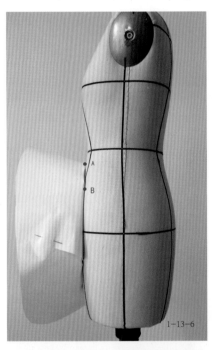

1-13-6

1-13-7

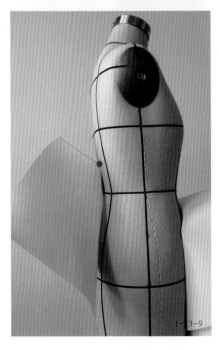

1-3-9

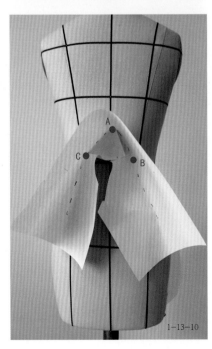

1-13-10

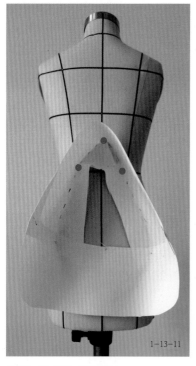 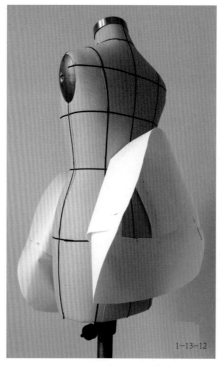 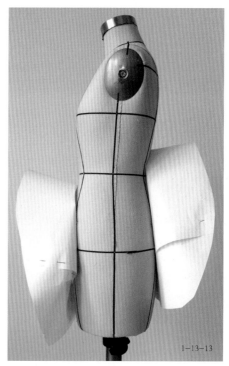

组图 1-13（续） 制板过程

（2）如图 1-14 作品，上半身的立体空间造型，运用了肩突点、腋点的支撑作用。

此款服装的制作过程如下（组图 1-15）：

①标线：根据服装效果图，分析、确定服装款式结构，并根据所分析的结构，在人台上用标线带标出结构的轮廓线及省道线，如图 1-15-1 ～图 1-15-3（尽量尊重效果图的比例效果）。

标线的步骤非常重要，它关系到服装成品各部分结构之间的关系是否比例协调、美观；省道分割线的位置是否合理、易于缝制等。所以进行此步骤时务必要仔细分析、研究服装的结构关系，并准确地标画在人台上。标线时要反复确定，并时不时地站在远处观看标线效果，以期标画出最满意的分割线，这是制作出完美服装造型的基础。

图 1-14 效果图

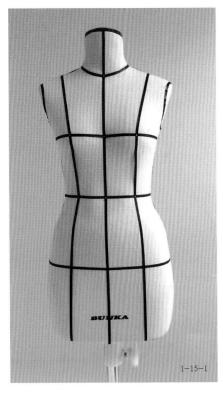 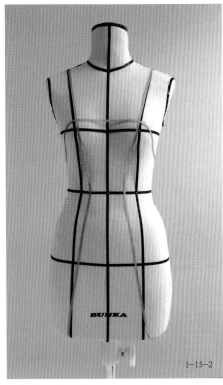 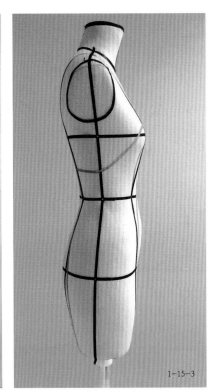

1-15-1 1-15-2 1-15-3

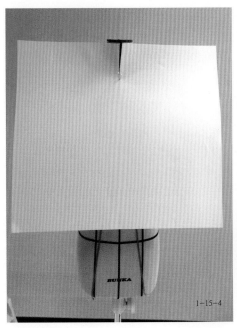 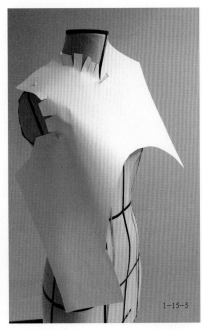 

1-15-4 1-15-5 1-15-6

组图 1-15 制板过程

②制板：针对这款服装的特点，首先制作上半身的立体结构版型。由于上半身的造型比较硬挺，故在制作时，要将用于制板的坯布黏上硬度匹配的黏合衬。而为了节省时间与成本，遇到此种面料硬挺、结构简练并且没有过多省道、褶皱处理的造型，可以直接使用大幅纸张进行塑造。

将纸张的中心对准人台中心线，在颈窝点以上垂直开剪，使纸张伏贴（图1-15-4）。

领围线以上的纸张，顺着脖子的弧线打剪口，使纸张与颈围伏贴（图1-15-5、图1-15-6）。

　　将剩余的纸张顺着人台侧面，以腋点为支撑点，支撑出一条中空的转折线。注意，此步骤是上身造型的关键，腋点是关键点。纸张在腋点处与腋点完全贴合，不能有空间。而由腋点开始的转折线则要与人台之间留有足够的空间，空间的大小则需要以腋点为圆心，反复上提或下拽转折线来确定。造型确定后，用标线带在中空的纸张上，将理想的轮廓线标出，并用笔标示出颈围线、袖窿线、肩线、侧缝线等（图 1-15-7 ~ 图 1-15-9）。

　　所有标线都标注完整后，将版型取下进行修版，从而得到上身立体造型的平面纸样。注意纸样上标出布的纱向线，如图 1-15-10。

　　接下来进行连衣裙的制板。连衣裙结构为公主线连衣裙，下摆量比较大。公主线靠近前后中心处各有两个大褶，前片褶量大于后片褶量。褶在腰围处是消失的，越往裙摆处褶量逐渐增大。此处是这款连衣裙制作的重点及难点。

　　首先将坯布整烫，调整布丝，将坯布的经纱与纬纱调整成垂直状态。整烫坯布非常重要，出厂的坯布往往由于各种原因，经纱与纬纱会出现扭曲变形的情况，

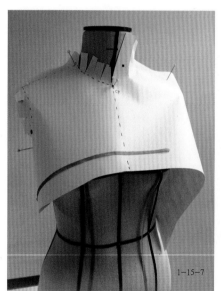
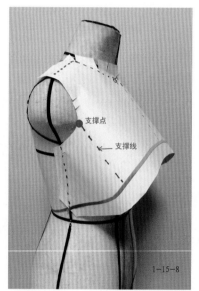
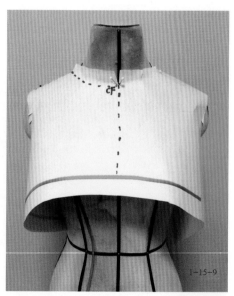

组图 1-15（续）制板过程

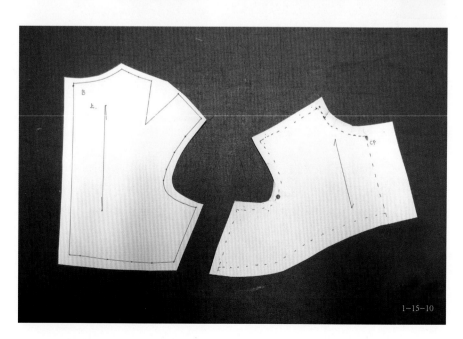

这就需要花时间将倾斜扭曲的经纬纱向整烫成垂直状态。纱向准确的服装垂感更佳，打板、制作过程也越得心应手。

有的制作者往往忽略坯布的整烫步骤，这为后期在人台上的打板操作埋下了隐患。很多自然的造型会在纱向不准确的情况下难以实现，往往需要制作者花费更多的时间来调整塑型。

将整烫好的坯布画出前中心线、胸围线、腰围线及臀围线。并将前中片的各条基础线与人台的基础线对合固定。颈围处打剪口使坯布与脖子贴合，手顺颈窝推抚面料，并在侧颈点、肩线处用大头针固定。

如图 1-15-11、图 1-15-12，腰围线处横向开剪，剪口一直打到公主线处，此步骤是关键。剪口务必开剪到公主线处，不要过头，更不能不够，这是下摆褶量造型的重点。然后将侧面的面料往前倒，在公主线处倒出所需要的褶量然后固定。注意，腰围线处布料要与人台腰围紧密贴合，不要留多余的褶量。

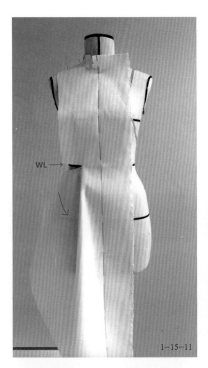

1-15-11

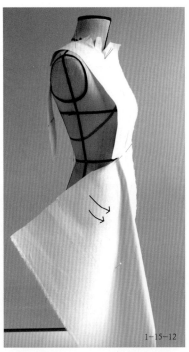

1-15-12

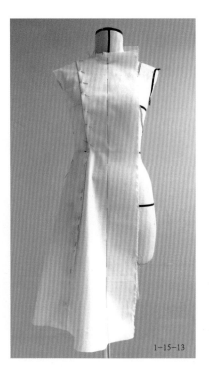

1-15-13

然后将前侧片裁剪出来，并与前中片用大头针别合。注意，腰围线以下的公主线要隐藏在大褶与侧摆造型的谷底，不要出现在褶的上面，如图 1-15-13。

同理，将后中片与后侧片别出，再将前片与后片别合。制作中要注意，后片的褶量要小于前片的褶量，后片的侧摆幅度要小于前片的侧摆幅度，侧缝线要在前片侧摆与后片侧摆的谷底，不要支出。反复观察、调整，保证服装的美感，如图 1-15-14、图 1-15-15。

1-15-14

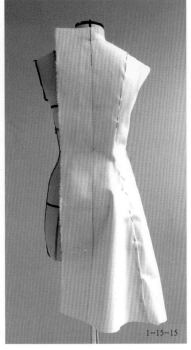

1-15-15

组图 1-15（续）制板过程

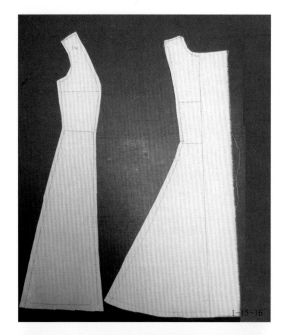

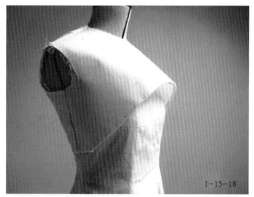

1-15-18

1-15-19

组图 1-15（续）
制板过程

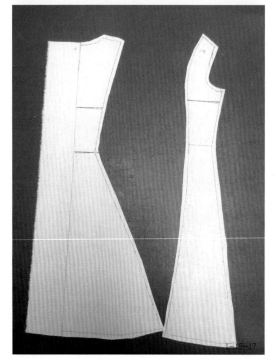

1-15-17

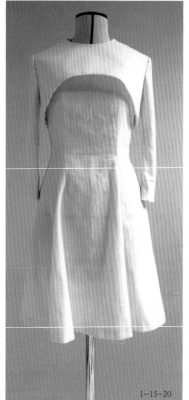

1-15-20

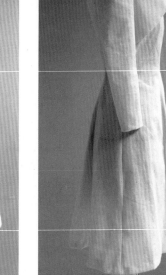

1-15-21

　　整体确认、调整完毕后标线、拓板、修板，得出连衣裙的平面版型，如图 1-15-16、图 1-15-17。

　　③缝制：将得到的版型裁剪制作。上半身的立体造型需要给坯布黏上硬度合适的黏合衬，如图 1-15-18 ~图 1-15-21。

第二章 创意立体裁剪
实现的方法

第一节 基本的造型方法

一、省道

1. 省的原理及常见的省道结构

省是服装制作中对余量部分的一种处理形式。它的产生部位多体现在胸腰、臀腰、肩、肘等处。其构成原理充分体现了一个凸点射线的原理，即将人体的各个凸点看成一个个不规则的球体，由该球体的凸点所引发出的无数条射线便是服装结构线构成的基础，如胸凸、臀凸、腹凸、肩凸、肩胛凸、肘凸等。由于女性的胸部结构较为突出，与邻近的其他部位形成了极大的落差，所以在女装设计中常常以胸高点为结构设计的核心。根据凸点射线的原理，将胸高的乳突作为圆心凸点，以它为中心引发无数条射线（该射线同时也是结构线与省道线），这些射线便是常见的胸省，如图2-1。其他还有胸腰省、肩省、腋下省、领口省、袖窿省、前中心省等。若通过简单的省道转移、融合，还会得到派内尔线、公主线等成衣中经常出现的省道形式。

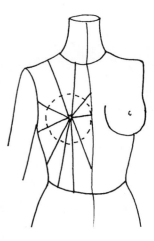

图 2-1 胸省

图 2-2 公主线分割套装

（1）图 2-2 为经典的公主线分割套装，细腰、宽臀，造型来源于迪奥时期的经典"新风貌"。

服装充分运用省道将胸腰之间的余量处理掉。前片衣身使用了公主线省道，共 4 片。后片衣身在公主线省的基础上，在后侧片处又各增加了一条省道，分割得更细，余量处理得更充分，共 6 片。

（2）组图 2-3 作品为一款简洁的小礼服，前片上身胸部下省道为常见的胸省。前中线与圆领形成的 Y 字结构也分担了胸腰差量，起到省道的作用。下半身裙子为常见的对褶裙，臀围线上缝死，8 条对褶分担了腰臀差量，起到腰省的作用。

（3）组图 2- 4 作品为一款无领连衣裙，上半身的省道设计为双线派内尔线。省道线经胸、腰与插肩袖片连接，将胸腰差量完全收进双层省道中。

组图 2-3 小礼服

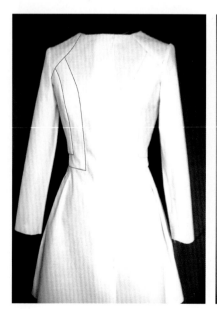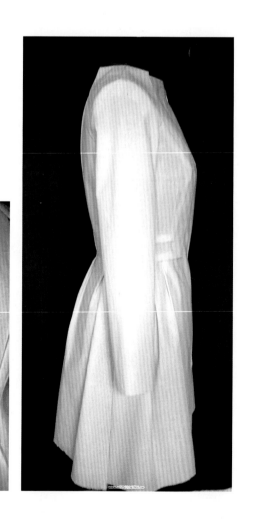

组图 2-4 无领连衣裙

2. 箱型结构

在省道转移的操作中往往需要注意一个立体裁剪中非常重要的概念——箱型结构。箱型结构是立体裁剪的重点及难点所在。任何造型优美、品质高档的外套都不是紧紧地贴在人体上不留一点空隙的,而是要有"型",松紧得体。这就需要面料与人体之间存在一定的空间关系。而此空间也根据人体的特点、服装款式的特点具有一定的形态。

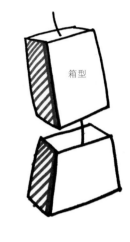

图 2-5 箱型结构

人体是三维立体的,不是二维平面的,在人体正面与侧面间(肋骨处),有一条转折线,如图 2-5,此处即为箱型结构处。也可以将人体理解成一个箱子的形状,连接箱子正面与侧面的棱线处即为箱型结构处。在画素描时,常常是明暗交界线的位置。此处转折线的位置,是立体裁剪上衣制板中最为重要之处,箱型结构处理的好坏,直接决定了作品版型的好坏。此处的面料决不能与人体紧贴,要有空间余量。从人体正面看,肩端点开始,顺延至胸侧,至肋处,要有一条明显的空间造型。肩端点、腰围线处面料要与人体伏贴(没有余量),而在两点之间的位置,面料与人体之间一定要有空间。从人体背面看,后腋点开始,顺延至肋侧到腰围线处也要有此空间造型,腰围线处面料伏贴。最后从人体正面、侧面、背面看都要形成箱型,这在立裁制板中较难把握,需反复练习。

图 2-6 人体俯视剖面图

从人体的俯视剖面图来看(图 2-6),胸腔四角处及边缘位置,即为箱型松量所处位置。而箱型结构不只局限于上衣造型,在下半身造型中,如裙、裤等款式中也存在空间形态结构。需要针对具体款式具体分析确定。

在省道转移过程中,极易忽略箱型结构。往往将箱型的空间余量与省道余量一并转移走,导致面料与人体之间缺乏空间,造型不佳。这是初学者在进行立体制板过程中常常出现的错误。在立裁制板中,尤其是省道转移操作中一定要时刻注意服装空间形态,反复确定最佳造型(组图 2-7)。

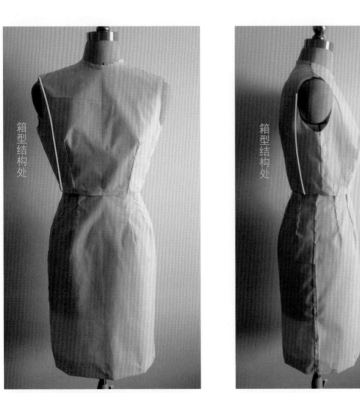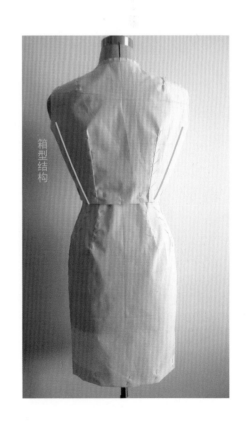

组图 2-7 箱型结构在上衣原型中的位置

3. 省道的转移

省道转移，即将胸腰之间的余量以各种方式、手段，进行转移、变化，使造型更加丰富、多变。有的省道在转移后，依然具有省道的明显特征，而有的则完全丧失了省道的性质，成为了无形省。这也是令很多制作者在复制大师的名作时，摸不着头脑之处。省道转移技术是创意立体裁剪中最常用也是最重要的技术手段，它灵活多变、种类繁多。本书后面所论述的众多技术手段，如褶皱、编织、肌理等，从实质上来说，都是省道转移技术的表现形式之一。只不过由于各自明显的特征，而单独讲述。

图 2-8 作品中的套装具有典型的省道转移特点，此款服装将胸腰的余量全部转移到肩领处，并顺应余量设计出上下层叠的领型。设计新颖、独特，充分运用了省道转移的技术特点。这是典型的无形省设计，既合身又没有实质的省道形象。

图.2-8 省道转移的特点

此款服装的制作过程如组图 2-9 所示：

（1）标线

如图 2-9-1 ～图 2-9-3，根据服装图片，分析、确定服装款式结构。并根据所分析的结构，在人台上用标线带标出结构的轮廓线及省道线（要求与服装效果图的比例效果一致）。此款服装为左右对称款式，故标线及制板只做右半身即可。但在标线时，仍需考虑与左半身相连的线条平衡，来确定右半身的准确标线位置。

2-9-1

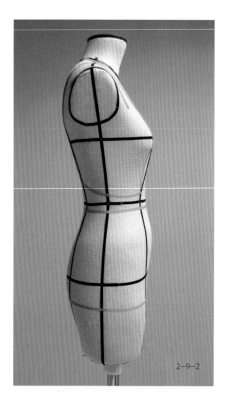
2-9-2

2-9-3

组图 2-9 制板过程

（2）制板

①如图2-9-4～图2-9-6，首先制作服装的上前半身版型。将坯布整烫好，并标注前中心线与胸围线。将整理好的坯布放置在人台上，前中心线、胸围线对合。将领窝处粗裁并打剪口，使布料与脖颈处贴合，锁骨处留0.2cm松度。顺肩线、身侧推抚面料，在BP胸高点处留1cm松度，并将面料的余量全部推至腰部，确定余量的多少。

②如图2-9-7～图2-9-9，将腰部的省量全部转移至肩部，腰部不留余量。腰围线以下打分散形剪口，使面料合体。在省量的转移过程中，要始终注意观察并保证服装的箱型结构及服装的松度。

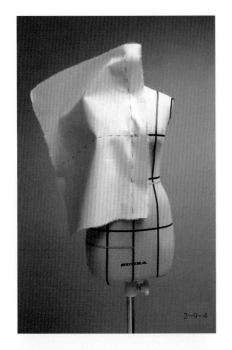 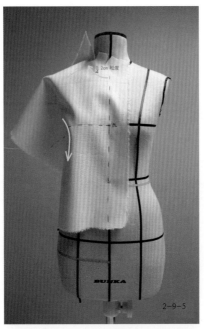 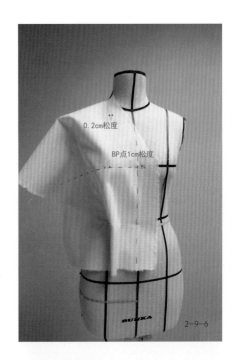

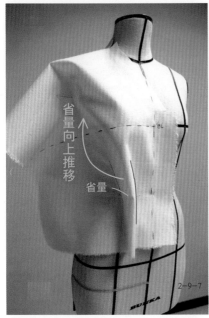 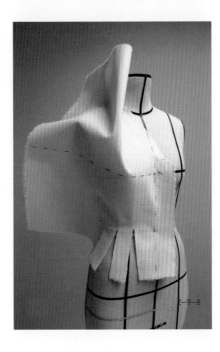 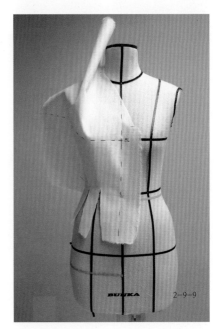

组图2-9（续）制板过程

③将转移至肩部的全部余量调整分散成如图 2-9-10 叠压层次的两部分，调整过程中注意两部分使用量的多少，不必完全相等，以视觉上两部分造型平衡为准。在调整上部分层次造型时，要注意其与脖颈的关系，沿领围线以上面料处打剪口，将面料与脖颈伏贴，并调整上部分层次的外缘及后背处面料的造型，使其与脖颈形成领型空间（参照海军领、平领做法）。

此步骤的制作是整套服装造型的重点及难点，要反复试验、调整，并时刻注意保持服装的箱型结构及服装松度，如图 2-9-10 ～图 2-9-12。

④如图 2-9-13 ～图 2-9-15，制作服装背部造型。将前片面料掀起，折到前面（注意不要破坏造型）。

将坯布整烫好，并标注后中心线、横背宽线。将整理好的坯布放置在人台背部，后中心线、横背宽线重合。将横背宽线以下面料向下推抚，在后腋点处折 1cm 松度。后腋点至腰围线，在后肋侧推抚出大概的箱型结构，并在腰围线处确定省量，如图 2-9-13。腰围线以下打分散形剪口，使腰部与面料贴合，再将腰围处的省道量全部向后肩处转移，与横背宽线以上的余量汇合，形成一个较大的肩省。此时横背宽线的末端由于省量的向上转移也随之上移（坯布末后段横背宽线上移，不再与人台横背宽线重合）。

调整肩省的位置，大概在人台后公主线处，并确定省道长度（省尖定在横背宽线向上 2cm 处，即肩胛骨处）。在整个省道转移的过程中要时刻注意调整后背的箱型结构及服装的松度。

2-9-10

2-9-11

2-9-12

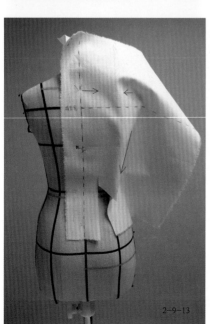

2-9-13

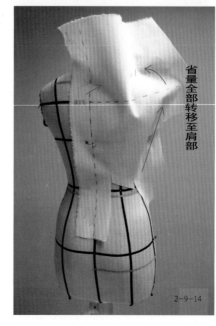

省量全部转移至肩部

2-9-14

2-9-15

组图 2-9（续）制板过程

⑤将前、后上半身片合片，别合前后肩线及侧缝线（图2-9-16）。

将前、后半身中片制作并别合（图2-9-17～图2-9-20）。

⑥制作前后下半身版型。腰围线以下造型为小裙摆造型，腰部无褶皱，侧摆翘起。制作时可采用大斜裙制作方法。

首先确定坯布高度，经纱方向，上端抵胸围线处，下端根据衣摆长度确定。坯布宽度根据衣摆摆起幅度估算。坯布大小确定后整烫，并标注前后中心线（图2-9-21）。

将前片固定在人台上，坯布与人台的前中心线对合，坯布上缘抵胸围线。

确定起翘位置，此款服装在侧摆处起翘，前后部平整，无荡起。在起翘位置处，从坯布上端，垂直开剪，剪口打到腰围线起翘位置处。剪口后半部分坯布向后倒，用手推抚出合适的侧摆幅度，用大头针固定（图2-9-22、图2-9-23）。

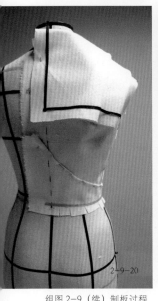

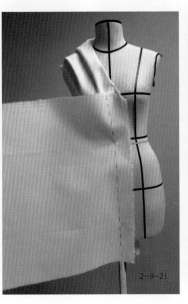

组图2-9（续）制板过程

此步骤一定注意腰围线上剪口的位置，起翘的位置在哪，剪口就打在哪，不能偏差，如图 2-9-24 在前公主线处起摆的造型，剪口打在腰围线的前公主线处。此款也可延伸设计为衣摆多处起荡的造型，如大斜裙设计则需要根据起摆的个数在腰围线上确定位置并打剪口，调整布料即可得出。

利用同样方法制作后下半身裙片。将前后半身裙片别合，注意缝合线在前后起摆的底谷处，不要突出。修整裙片腰围线处，将腰围线以上衣片放下，盖住下裙片，用折叠针法别合 (图 2-9-25 ~ 图 2-9-30)。

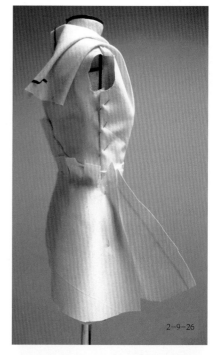

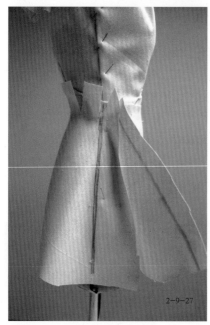

组图 2-9（续）制板过程

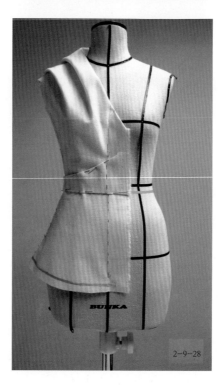

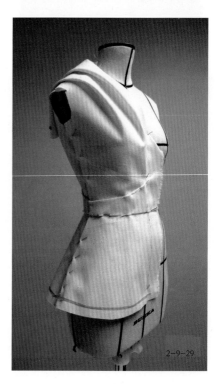

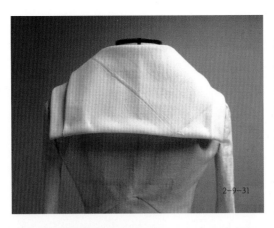

组图2-9（续）制板过程

⑦最后将领型整理好，用大头针固定。然后将袖子与衣身别合，此款服装的版型趋于完成。得出平面制板，进行缝制（图2-9-31～图2-9-35）。

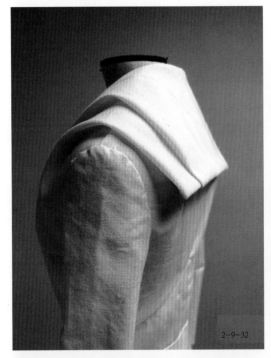

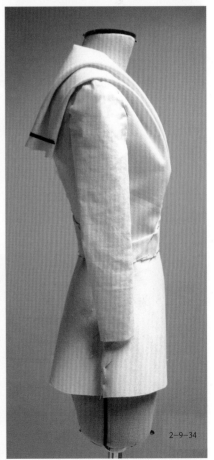

4. 省道的支撑

省道的支撑，即指省道不只是起到收进差量、使服装合体的作用，同时也可支撑立体造型。通过省道量的叠取、省道的长度及省道的位置，可以支撑起一定的立体造型。

组图 2-10 是一系列礼服创作作品，以漩涡状立体造型元素为设计重点。此漩涡状立体造型采用省道支撑的造型方法，再结合人体支撑点及支撑线达到所需的造型效果。此系列作品有 5 套服装，每套服装上都设计有漩涡状结构，在位置、个数、大小上有变化，并结合 5 种色彩形成错落有致、高贵优雅、富有韵律美的礼服系列作品。

图 2-10 "旋炫" 系列作品（作者：张馨月）

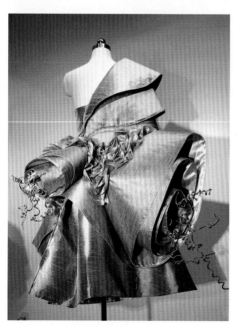

组图 2-11 "旋炫" 系列作品之一

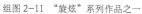

（1）"旋炫"系列作品之一

组图 2-11 的作品运用金色丝光面料，立体漩涡结构主要集中在后腰中、侧部，漩涡结构的大小、位置错落有致，漩涡内芯喷射出螺旋状装饰元素，漩涡上部有波浪状装饰条，不仅起到装饰、连贯的作用，更是为了覆盖每个漩涡上的省道痕迹。上身部分为片状波浪结构，渐变布置在右肩身。此款服装奢华、大气、韵味十足。打板过程如组图 2-12 所示。

组图 2-12 "旋炫"系列作品之一打板过程

（2）"旋炫"系列作品之二

组图 2-13 "旋炫"系列作品之二采用棕色丝光面料，大小错落的漩涡造型集中在腰部，直条折熨褶边将漩涡上的支撑省道进行装饰覆盖，漩涡内芯喷射螺旋状装饰条进行细节点缀。此款礼服裙型为前短后长，设计细节集中在腰部，造型紧凑、层次感强。打板过程如组图 2-13 所示。

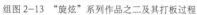

组图 2-13 "旋炫"系列作品之二及其打板过程

（3）"旋炫"系列作品之三

组图 2-14 为"旋炫"系列作品之三，此款礼服采用橙色丝光面料，漩涡造型
体积巨大，集中在裙摆，构成饱满的裙型。漩涡上覆盖直条折熨褶边形成主要装饰。
此款礼服奢华、大气、饱满，左右不对称设计满足了视觉需要。组图 2-15 为打板过程。

组图 2-14 "旋炫"系列作品之三

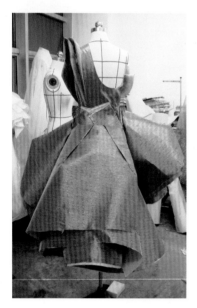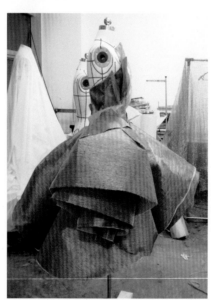

组图 2-15 "旋炫"系列作品之三打板过程

（4）"旋炫"系列作品之四

　　组图 2-16 为"旋炫"系列作品之四及其打板过程。此款为大礼服设计，采用紫色丝光面料为主面料，上衣花瓣状衣片里布为金色丝光面料，形成色彩对比。漩涡造型集中在腰部及裙摆处，漩涡大小不一，分布平衡，上覆直条折熨褶边覆盖装饰，褶边内嵌金色小花为装饰细节，部分漩涡内喷射螺旋状装饰条丰富服装层次。此款大礼服端庄、典雅、大气，服装的正、左侧、右侧、背面造型均不同，设计感十足。

右页图：组图 2-16 "旋炫"系列作品之四及其打板过程

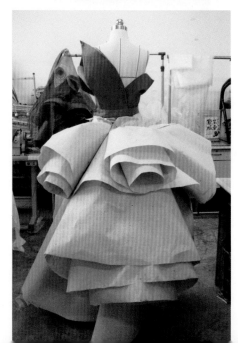

（5）"旋炫"系列作品之五

组图2-17为"旋炫"系列作品之五及其打板过程。采用土黄色丝光面料，裙子的设计重心在裙摆处，裙子腰部不添加任何造型结构，凸显出人体曲线。裙摆由4个体积较大的漩涡造型组成，漩涡造型上覆波浪状装饰条，内嵌黄色小花丰富装饰细节。此款礼服优美、典雅、高贵。

（6）漩涡造型的具体打板方法

"旋炫"系列作品中，漩涡造型是主要的造型结构，是设计的重点元素。漩涡造型的制作主要依靠省道的支撑，根据漩涡的大小、位置及翘起程度，来确定省道的叠进量、省道的

组图2-17 "旋炫"系列作品之五及其打板过程

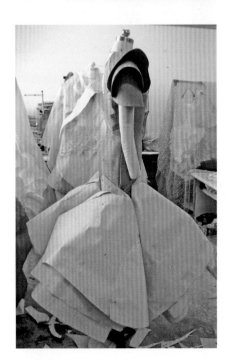

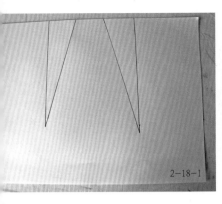

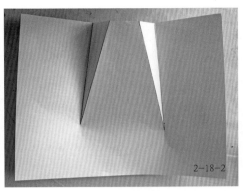

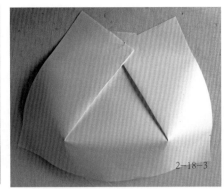

斜度及省道的长度。一般情况下，省道的叠进量越大，造型越立体；两条相对省道的斜度越大（即两条省道形成的角度越大），撑起的造型结构的横宽面积也越宽，所占面积也越大；而省道的长度则直接决定立体造型中最为鼓起的位置。

具体打板方法如下（组图 2-18）：

①漩涡的支撑省道：根据漩涡设计的大小与形态，估算纸张尺寸打板。在打板纸上将省道画出，省尖位置为漩涡最鼓起位置。两条省道所成角度决定漩涡横宽面积，角度越大，面积越宽，如图 2-18-1 ~图 2-18-3。

②漩涡外轮廓的打板：将确定好支撑省道的打板纸根据设计位置固定在人台上（图 2-18-4），根据与人体结合位置将打板纸下折，折线为与人体的支撑弧线(如图 2-18-5 上的黑色虚线)。此条支撑弧线非常重要，需仔细确定，直接影响漩涡的外轮廓造型。纸两边向下挖，形成漩涡的筒状造型，下方连接漩涡的下部分版型，如图 2-18-6、图 2-18-7。

将漩涡的下部分版型与上部分版型顺畅连接，下部分版型不起支撑作用，连接顺畅即可，仔细观察前、两侧形态，确定漩涡的外轮廓，如图 2-18-8 ~图 2-18-10 。

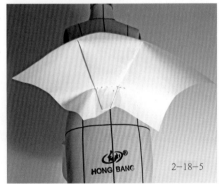

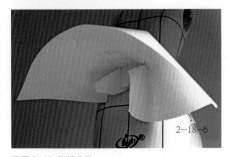

组图 2-18 打板方法

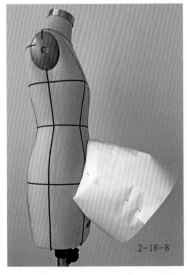

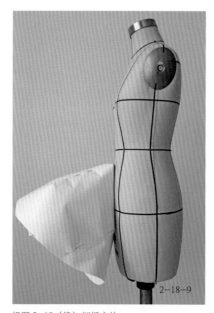

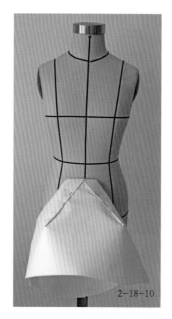

③制作漩涡里部层次：漩涡的外轮廓型态确定后，即可制作里面的漩涡层次。取一张长条打板纸，打板纸的宽度根据所做漩涡的大小确定，长度尽量长些，可多加几个层次（图2-18-11）。然后将纸打卷固定，可多卷几个层圈，注意每个圈之间留有一定空间，不要贴在一起（图2-18-12、图2-18-13）。

然后将卷好的里圈层次固定在外轮廓里，注意反复寻找、调整结合点，确保漩涡外轮廓与里圈层次的结构关系。如果结合点不够牢固，可在最后的成品制作时，用透明鱼线将里圈层次吊住。吊线受力位置可在外轮廓上，但针迹要呈点状，不易看出，并在其上覆盖波浪装饰条遮盖，如图2-18-14～图2-18-17。

2-18-9

2-18-10

组图2-18（续）打板方法

2-18-11

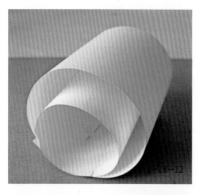

2-18-12

2-18-13

2-18-14

2-18-15

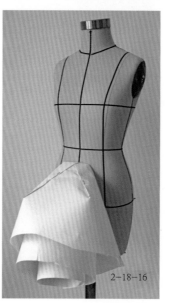

2-18-16

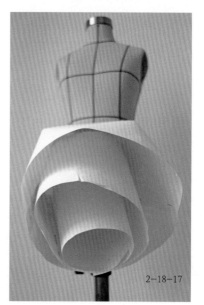

2-18-17

5. 省道的延长

省道的延长，即有形的省道，在末端或两端处，并不像通常那样将余量在端点处消失。而是将余量继续保留，自然消失，或做顺延设计。

图 2-19 作品在胸腰处设计了三条平行的省道来处理余量，使衣身收紧。并在每条省道的两端将余量顺延，抇、拽出褶皱空间。形成了袖子及腹部的立体造型。造型新颖、独特、自然。

图 2-20 作品，此款服装左右衣身为不对称设计。右衣身为通常的省道设计，公主线顺延与腰臀省道连接，余量在腹部省道端点消失。左衣身则从插肩袖的分割线开始，在胸腰处有三条发散状省道，并顺延到腹部，将胸腰、腰腹部的余量收在省道中。在末端处余量不做消失处理，而是将余量顺延，并呈褶皱状造型，到底摆逐渐消失。

组图 2-21 作品是一款连衣裙，衣身左右为不对称设计。服装从右肩开始向左胯处的斜向剖开，省道群为设计亮点。此款服装在打板时，坯布宽度应尽量宽些，估算进打褶量。从右肩开始向左胯部斜向捏取省道，将胸腰间差量捏进省道中去。省道群在左胯部固定住，但不做消失处理，而是继续顺延至底部形成垂荡褶。调整好省道褶皱形态后，将右肩至左胯间的省道从中间剖开，形成富有层次的省道集群褶皱，与垂荡至下摆的顺延垂荡省道形成视觉对比。此款连衣裙造型新颖、层次丰富、视觉对比较强。

图 2-19 省道延长处理

图 2-20 省道延长处理

组图 2-21 连衣裙的省道延长

组图 2-22 是一款典型的省道延长作品，技术难度较强。腰间的省道在腰部缝死，但省量并未消失，而是向上下延伸，塑造出上身与裙摆造型。此款服装的制作难点在于腰间无横向分割线，上身与裙摆上下相通，在掐腰间省道时要时刻注意上身及裙摆的造型，省道的叠进量、省道的方向需要反复试验才能得到满意的造型效果。

组图 2-22 省道延长处理

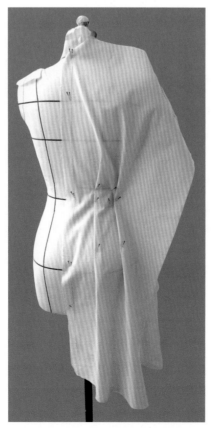
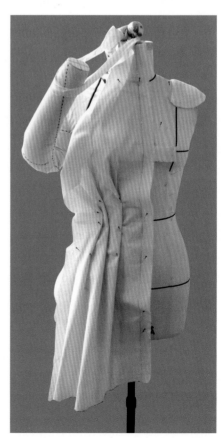

6. 省道的分割与变化

省道的分割、变化，即胸腰间的省量打破传统胸腰省的形态，以更具创意、自由的设计造型将省量巧妙地处理进去。

(1) 组图 2-23，此款礼服的抹胸部位以玫瑰花的层叠为设计灵感，将胸腰的省量全部处理进层次设计中。造型新颖、独特。在制作时，可选用斜丝面料，这样在叠压造型时可以更顺畅地转过人体，分散掉余量。在安排衣片层次时，需将省量分散其中，根据人体、设计图将省量进行调整分布。

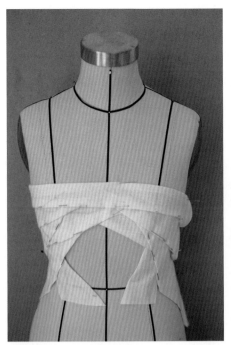
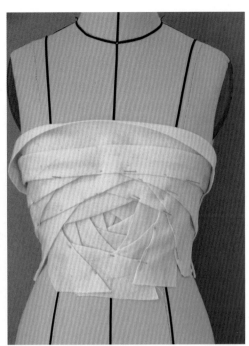
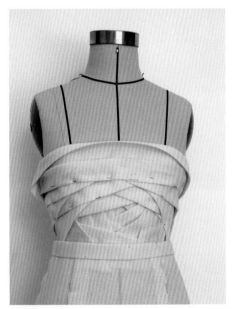

组图 2-23 省道的分割与变化

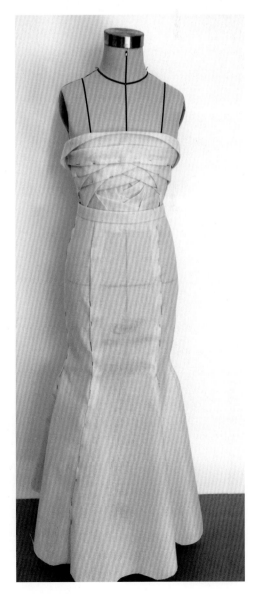

（2）组图 2-24 作品是一款典型的省分割作品。作者将服装前后衣身做了复杂的对称分割设计，每一条分割线中都包含了省量。衣身分割线较多，在每条分割线上还嵌有蕾丝条装饰，此款作品无论是打板还是缝制都具有很大的难度。

作品的下半身较为对褶蓬蓬裙造型，内有裙撑。下身裙子的整体、大气与上半身的细致、严谨形成鲜明对比，丰富了作品的视觉感受。

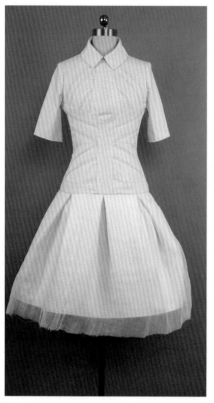
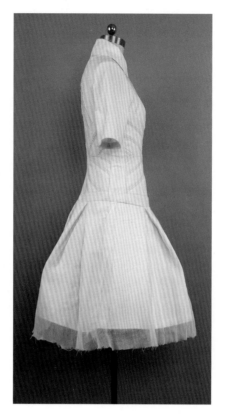
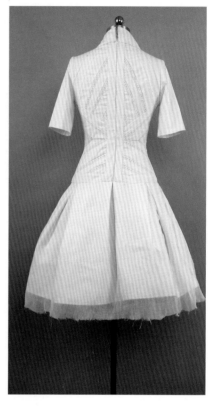

组图 2-24 省分割作品（作者：汤雅迪）

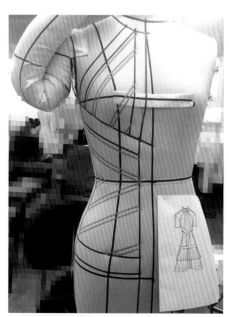
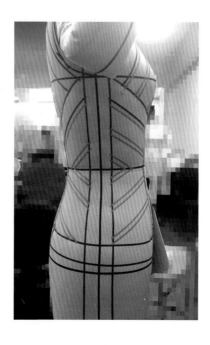

组图 2-24（续）标线

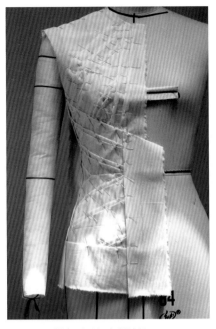

组图2-24（续） 打板、拓板过程

　　组图2-24作品的制板过程，首先在人台上按照设计草图将衣身的结构线仔细标画出来，标画时应注意前后衣片的分割线在侧缝部位的衔接。并且标线时要反复确认各分割线的走势及各分割面积的比例关系。

　　然后按照人台上标画的分割线用坯布打板，打板时，应将人台的胸腰余量即省量分散进各个分割线中。尤其胸腰部分的分割线，在制作时更应注意省道余量的分配。

　　上身衣片版型确定后，制作、安装下身裙子的裙撑。在下裙裙撑的基础上制作对褶裙。最后缝制时为了丰富服装的虚实关系，可在对褶裙上加一层口罩布一起缝制。

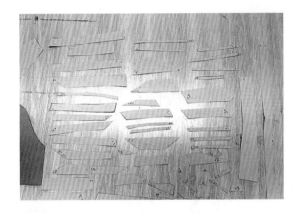

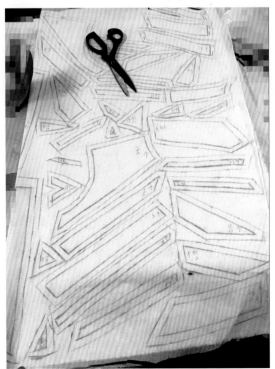

图 2-25 前中心一点为支撑点

二、披挂式悬垂支点设计

1. 原理与方法

披挂式支点悬垂技法，即将面料直接披挂在人体或人台上，通过重力的影响使面料自然形成垂褶状态的效果。披挂式支点悬垂设计中最注重支点的位置设计。支点的位置直接影响重力的分配，从而影响面料褶皱的走向、阴影及力度。

2. 围绕人体的部位寻找支撑点或支撑线

披挂式悬垂服装更注重设计的偶然性，在不断的立裁操作尝试中体验不同支撑点及支撑线所带来的不同效果，从而确定最满意的设计。

人体中常见的支撑点：肩端点、前/后中心线支撑点、胯骨、后颈点等，如图 2-25 服装中前中心一点为支撑点。图 2-26 礼服肩端点为支撑点。

人体中常见的支撑线：支撑线较支撑点更容易寻找及利用，横向的纬度方向的支撑线（并不一定是水平线）也较纵向的支撑线更容易使用。如胸围线、腰围线、臀围线、颈围线等。如图 2-27 礼服中颈围线与侧缝线为支撑线。图 2-28 服装中颈肩线为支撑线。

图 2-26 肩端点为支撑点

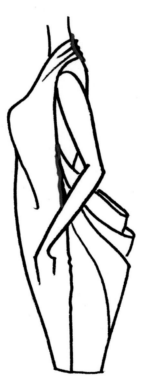

图 2-27 颈围线与侧缝线为支撑线

图 2-28 颈肩线为支撑线

三、褶

1. 原理与方法

褶，是服装造型中常见的表现形式，更是立体裁剪中体现省量变化的重要方法与手段。褶既能表现设计师的设计意图，也能起到处理胸腰、腰臀差量的作用，将有形的省道运用省道转移原理处理为无形的褶皱设计。

褶作为最活跃的服装语言，拥有多种表现形式，如规律褶、无规律褶、死褶、活褶、抽褶、预先叠褶等。

2. 规律的褶

规律的褶，即指褶皱在设计操作时，遵循一定的美学法则，如等距或渐变纵向褶、等距或渐变横向褶、等距或渐变斜向褶、等距或渐变交叉褶、发射褶等。并且根据折叠手法的不同，褶皱可以分为死褶或活褶。死褶，即褶皱从头至尾运用折熨的手法，将褶的折叠棱线压死。活褶，即在褶皱起点处叠出褶量后，褶的剩余部分随着人体结构走向，顺其自然自由延伸。

组图 2-29 以等距规律的水平褶（死褶）为设计重点的作品

组图 2-29 礼服是一款以等距规律的水平褶（死褶）为设计重点的作品。水平褶运用在服装中给人一种平稳而宽广的审美感觉。人体是纵长的，服装也是纵向长而横向窄，水平褶的纵向空间较垂直褶的横向空间大，所以在运用水平褶时，服装各衣片的比例美是设计师需要考虑的因素。

在此款服装中，胸部密集的横向叠褶与布满海带卷波纹装饰的裙装形成了鲜明的横纵、曲直的设计语言对比。上部分平稳、端庄的横向褶皱被心形的衣片包裹，形成了不稳定的倒三角形，心尖直抵活泼、飘逸的下裙部位，从而完成了平稳的连接与过渡。

上装部位的横向褶皱在处理时具有很大的难度,不仅要保证外观的造型美,还要将胸腰间的差量处理进一个个褶皱里。可以说做每一条褶皱的感受都是不一样的,尤其是BP点以下胸部与腰部连接部位的难度最大,吃进量在这里也是变化最大的。由于BP点以上的半个胸部是服装的开始,不受任何限制,故在叠褶操作时也更容易些,而到了BP点以下的半个胸部处,由于受到上半部分定型面料及胸部突出转折的牵制,面料的使用量大大受限,故此处的面料吃进量较其他部位要少。在抎褶时,提拉下方面料,边将其余量抎进褶中,边调整横向外观,保证每一个褶皱的排列美感。在组图2-30打板过程中可以看到,胸腰间的余量一直存在,就是中间那一条大大的褶,直到最后一个横褶的完成才真正消失。在这里省道转移技术贯穿始终,制作者的立裁手感与经验及对省道转移技术的把握非常关键。

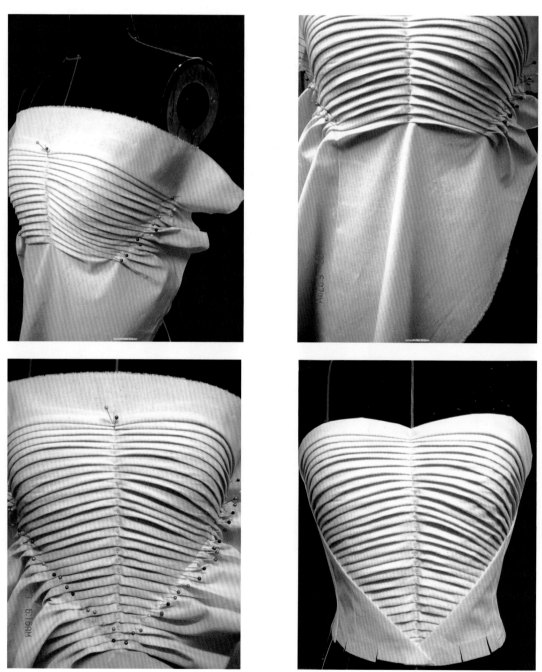

组图2-30 前身心形叠褶部位制板过程

组图 2-31 肩、领部采用了等距发射状褶皱的形式

(2) 规律等距发射褶

组图 2-31 作品的肩、领部采用了等距发射状褶皱的形式。发射褶也可以作为塑造人体、分吃省道余量的表现形式。它具有由中心向外展开的旋律美感特征，所以常以服装中的某一个部位为中心（如颈部、腰部、肩部等），放射出无数美丽而自然的褶皱。放射褶的应用能让人感觉到艺术的感染力和创造力，具有一种独特的审美感受。

此款服装以两侧袖窿为发射中心，向肩、领部放射出等距规律的叠压褶。在制作时，布料取经向直丝纱向，注意布料的长度（经纱）要留够叠褶的用量，宽度（纬纱）要够颈上领子的高度。然后将布料的中心（纬纱方向）对准肩线，将肩领处的叠褶造型固定确认，此处叠褶比较关键，要能够顺畅地将肩部、领部衔接起来。以此叠褶为中心依次向前、后叠压出等距、放射状褶皱来。在叠压前后褶皱时，需注意调整每一条褶皱的走向、间距，要始终以袖窿为中心放射。遇胸部起伏时，需注意调整褶皱的叠进量，使褶皱在外观视觉上保持一致。最后将已做好叠褶的布料外轮廓修剪成所需造型即告完成。

图 2-32 以褶皱为设计重点的礼服

(3) 规律等距垂直褶、交叉褶

图 2-32 作品是一款以褶皱为设计重点的礼服，在服装的胸部、腰部、腹部至下摆处，充分运用了褶皱设计。此款服装左右对称，比例优美，造型流畅，胸部的平行褶、腰部的交叉褶、腹部至下摆的垂直褶皱使服装在设计语言上上下统一，在褶皱的运用上酣畅淋漓。

褶皱在这里不只是设计语言，更是处理胸腰部、腰腹部差量的技术语言。在制作褶皱时，必须将胸腰差及腰腹差的余量，即省量，运用省道转移技术，转移进一个个褶皱中。褶皱叠进量根据人体结构的转折而有所变化，不可能叠进量完全一致，但褶皱在外观视觉上的间距必须保持一致。

制作过程（组图 2-33）：

①标线：根据设计图，在人台上用标线带标画出服装款式的结构细节。此步骤要尽量严格根据效果图在人台上找到位置准确的结构分割线，并要反复观察、确定线段在实际人台上位置的比例及美观性，如图 2-33-1。

标线步骤非常重要，必须在制板之前将结构线的位置比例准确确定，否则将直接影响到后面的制作。

②制作下半身裙子版型：立体裁剪的制作要遵循一定的顺序，如先做里后做外，先做下后做上。这样做的原因是先做里侧、下面的结构，可以在做外侧和上面结构时自然地将里侧及下面结构的边缘缝份盖住。而更重要的是，可以避免先做外侧或上面部分时出现余量不足的情况。这款礼服应先将下裙部分做好后再做上衣。因为腰围线在上下连接处，应上衣盖住下裙。做好下裙后再做上衣，就可以自然地掌握下裙部分所需余量，控制好上衣底摆的松度。

A. 取经纱直丝面料，注意面料的长度。面料上边缘要抵胸围线，下边缘取裙长多出 5cm。

B. 将面料前中心线与人台前中心线对齐，面料上边缘处垂直开剪，剪至腰围线处，将剩余面料向下倒，在前中心线处倒出褶量，捏褶造型（图 2-33-2）。

注意裙子鱼尾的放开处，捏褶时要注意此处褶的方向转变。鱼尾放开线上，褶向里收，放开线下，褶向外放（图 2-33-3）。

此款裙子的制作方法与大喇叭裙相似，腰围线附近褶量较小，裙摆处褶量较大。

C. 将剩余面料继续在腰围线处垂直开剪，然后倒量捏褶造型。

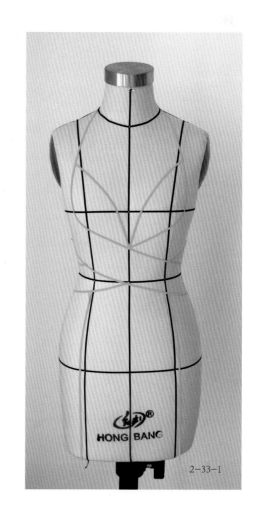

2-33-1

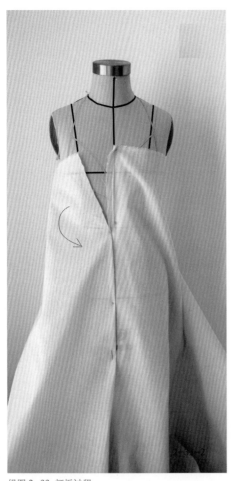

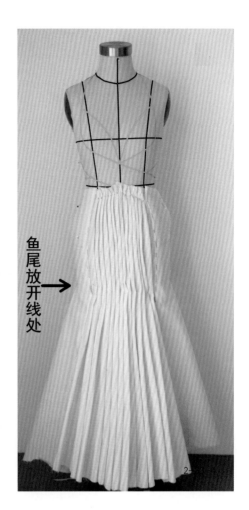

鱼尾放开线处 →

组图 2-33 打板过程

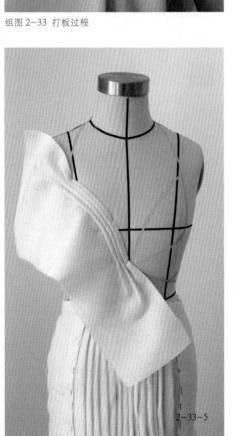

2-33-5

注意此款裙子褶的密度较大，故在捏褶时具有一定的难度，要随时调整每个褶的叠进量，保证所有褶量大致相等，并注意褶的倒向方向要一致。

此款裙子的密集褶皱属于垂直褶，垂直褶的造型有强调高度的作用。在裙装上大量运用垂直褶皱，给人以修长、飘逸、神秘的视觉感受。

D. 裙子中片褶皱做好后，制作裙子前侧片及后中、侧片。在制作裙子侧片时，特别是鱼尾造型的裙子，要注意鱼尾放开的位置。在前后片结合处，即侧缝线处，鱼尾放开线处以上的面料向里收紧别住，在鱼尾放开线处打剪口（剪口深度直抵侧缝）。剪口以下的布料向下倒量，将鱼尾的摆出量倒出。注意前片侧摆量要比后片侧摆量大，从前面看不见后片侧摆。侧缝线在裙子前后摆的谷底，垂直于地面（图 2-33-12）。

③制作上半身褶皱：根据人台上的结构标线，将上半身的褶皱做出。制作时要遵循先里后外的顺序。先做胸部的平行褶皱，再做腰部位置位于下方的交叉褶皱，最后做上面的交叉褶皱。

在制作褶皱时可选用 45° 斜丝面料，这样在叠压褶皱时可以顺畅地转过人体起伏，吃掉胸腰差量（图 2-33-5 ~ 图 2-33-7）。

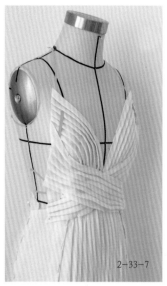

2-33-6　　2-33-7　　2-33-8　　2-33-9

2-33-10　　2-33-11　　2-33-12

组图2-33（续）打板过程

　　这款礼服腰部的交叉褶皱是设计的重点，交叉褶是两组或几组斜向褶的交合。易在心理上产生某种紧张感，但又可以丰富人们的视觉感受。人的视觉会跟随交叉褶皱，感觉重点突出，变化丰富。此款礼服腰部交叉褶的选用，给人以成熟、稳重、落落大方的审美感受。

　　将上身褶皱做好后，将上衣的前侧片及后中、侧片制作完成，并与下身裙装连接（图2-33-8～图2-33-12）。

组图 2-34 规律褶皱作品（作者：刘宇慧）

组图 2-35 规律褶皱作品（作者：翟悦彤）

组图 2-36 自由褶皱作品

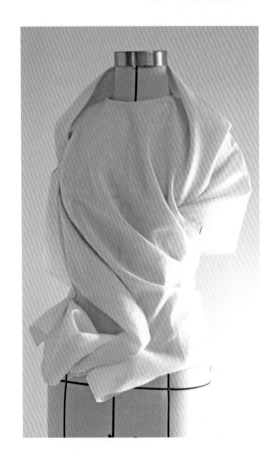

3. 无规律的褶

无规律褶皱也可称为自由式褶皱，是相对带有一定组织规律的褶皱形式而言的，它常是设计师在人台上进行设计创作时偶然得到的形态。设计师在人台上通过对不同材质面料的抻拉、提拽、缠绕，运用人体各支点的支撑配合从而得到意想不到的、激发设计灵感的自然形态。它的随意性、创意性更为强烈，因为是预想不到的结果，所以常常会带给人们惊喜的视觉效果。

如组图 2-36 便是一款自由褶皱作品，这款服装在制作时没有事先设计出服装效果图，而是用布料直接在人台上造型获得。作品造型随意、流畅、活泼、生动，胸前褶皱自由地顺应人体流动。面料适应胸部出褶后，又从左肩拐上，绕脖颈塑造出领子造型，并在肩膀处层叠出袖。制作时取直丝长方形面料，面料中间偏上位置挖洞作为领口，然后将面料套在人台上直接捏褶造型。面料顺应人台得到自由褶皱，并结合颈部、腰部、胯部等人体关键部位，适当运用面料进行服装部件造型。

自由设计作品不受效果图的预先限制，运用面料在人台上边造型边设计。设计师可以通过面料的大小、面料位置的偏移、面料的再裁剪等方法得到更多意想不到的造型结果，这是预先在纸张上无法体验到的造型经验。

组图 2-37 套装作品，上衣褶皱为自由褶设计，下裙为不对称大斜裙。此款服装造型自然、大气、流畅，上衣的自由褶皱看似自由，实际也存在一定的捏取规律。左右衣身褶皱相对对称，褶皱只在腰部、肩部固定。下身裙装为大斜裙与筒裙的结合，两种裙型的结合使此款服装更加生动、有趣，组图 2-38 为其打板过程。

组图 2-37 套装作品（作者：赵梓君）

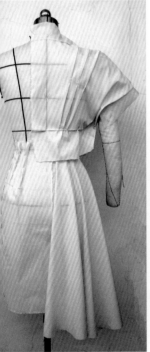

组图 2-38 打板过程

图 2-39 预先叠褶作品

4. 预先叠褶

预先叠褶是将面料平放，根据需要在面料上标出每一个褶的量和褶的间距，用大头针固定，熨成有规则的褶纹状，然后将这块已有着规律褶皱的面料放在人台上进行操作。预先叠褶可以使平整的面料变得更加丰富，增强面料的层次美与立体美。在大多数情况下，预先叠褶并不起收缩省道、塑造形体的作用，它常作为对面料的二次创造而运用到服装制作中。

如图 2-39 作品，整款服装以预先叠成的褶皱扇面组成。用大小不一的褶皱扇面进行疏密、各角度的组合，最终形成了这套层次感强、造型有趣的立裁作品。在制作时，取面积不等的矩形面料，熨上最厚实的素质衬，经纱直丝方向做高，然后从矩形面料的经纱边起，根据固定的距离折叠压熨成型。于是便得到了有着一条条直线压褶的扇面造型，再将这些扇面缝缀在预先做好的紧身衣上即可。整款服装造型有趣、立体感强，直线型的压熨褶，线条流畅，疏密有当，是一款突出褶皱美的线构成作品。

组图 2-40 作品以预先做叠褶处理的扇形裁片组织而成。先将服装的基底，即上衣及裙子的造型做出来，然后将预先熨烫叠褶的扇形裁片按一定的组织规律覆盖而上，覆盖时要注意疏密层次关系。此款作品生动、活泼、有趣，叠熨的褶皱形成一定的肌理效果，满足了视觉的需要。

组图 2-40 预先叠褶作品

5.抽褶

抽褶是经常用到的褶皱形式，也是处理省道余量常用的方法。抽褶有不同的形成方法：一是用缝纫机大针脚在布料上缝好以后，再将缝线抽紧，布料自然收缩形成的褶皱（图2-41）；或者用有弹性的橡皮筋、带子等拉紧缝在布料上，再自然回弹将布料抽紧形成皱褶（图2-42）。

抽褶具有自由式褶皱的特点，自然、流畅、活泼、多变。抽褶设计可以运用到人体的多个部位，如颈部、肩部、胸部、胯部、腰部、膝部等。在抽褶部分确定好后，可以对抽出的褶皱稍加调整，然后顺应人体走向分布，也可对这些自然褶皱再处理，如叠压熨褶，使抽出的活褶压熨为死褶后再造型（组图2-43）。

图2-41 抽褶

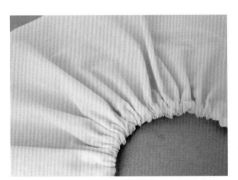

图2-42 抽褶

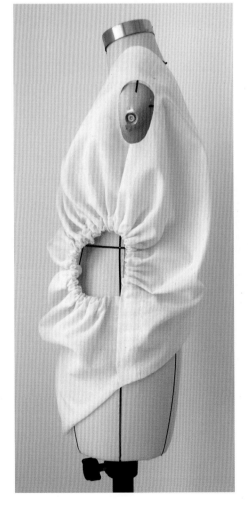

组图2-43 抽褶

图 2-44 万能褶

6. 万能褶

万能褶是很常用的一种褶皱形式（图 2-44），在服装上呈现的效果给人以复杂、多变的视觉感受，但其做法非常简单。万能褶是取一块布，在上面画螺旋形图案，然后按图案剪下即可，根据选取位置的不同万能褶的褶皱波浪也有所不同。

万能褶可以根据所画螺旋图案的不同而产生不同的效果，如组图 2-45 为等距万能褶，组图 2-46 为宽度渐变万能褶。等距万能褶的波浪比较平均，褶带的宽度大致相等。渐变万能褶的漩涡中心部分褶浪比较紧，外缘部分褶浪较缓。图 2-47 为两种万能褶的对比效果。

组图 2-45　等距万能褶

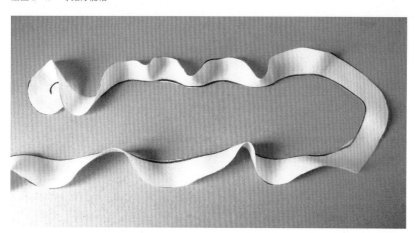

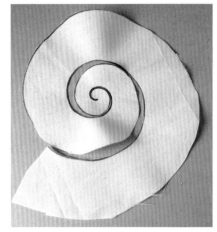

组图 2-46 宽度渐变万能褶

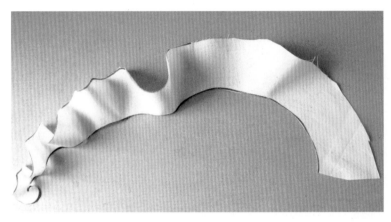

图 2-47 为两种万能褶在人台上的展示效果，图片左侧为渐变万能褶，图片右侧为等距万能褶。可以看出，等距万能褶的褶浪更为平缓、稳定，渐变万能褶的褶浪更加生动、灵活。设计师可根据设计需要选用适当的万能褶形式。

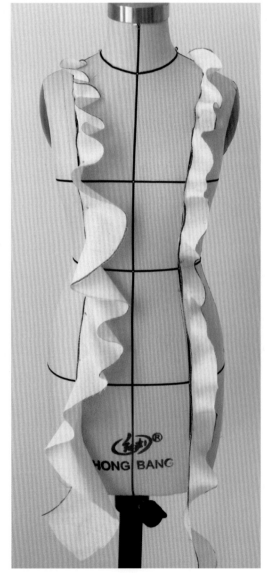

图 2-47 两种万能褶对比效果

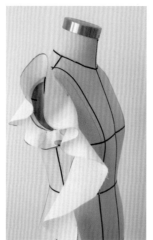

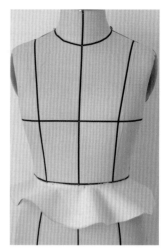

组图 2-48 万能褶在服装各部位的应用 1

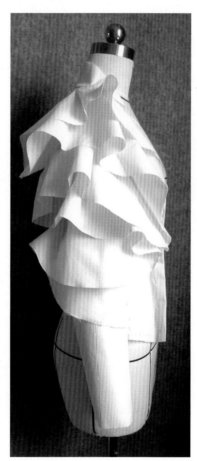
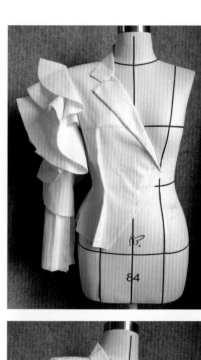
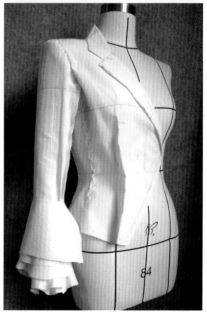

组图 2-49 万能褶在服装各部位的应用 2

　　万能褶皱可以安装在服装的很多部位，最常见的为嵌装在结构分割线上，如在公主线、派内尔线、裙子的密集纵向或横向分割线上形成万能褶集合。万能褶也可单独作为服装部件使用，如领子、袖子、袖口、服装下摆等（组图 2-48、组图 2-49）。

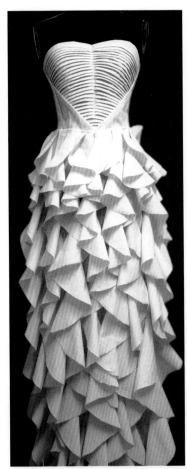

图 2-50 万能褶在服装各部位的应用 3

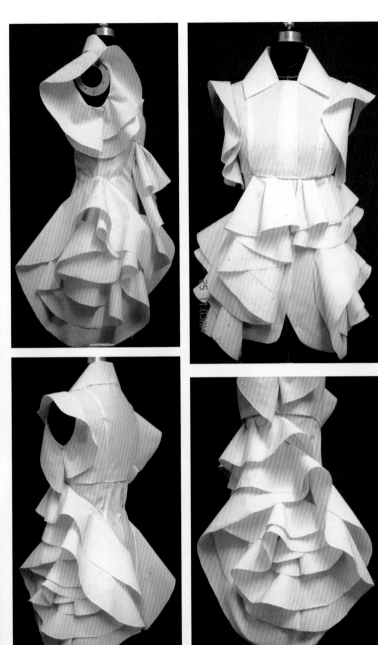

组图 2-52 正装礼服

图 2-51 万能褶在服装各部位的应用 4

　　万能褶自然、飘逸、流畅、生动、富于变化且制作简单，经常被设计师用于服装造型中，图 2-50 ~ 组图 2-52 作品均为万能褶使用实例。图 2-50 作品礼服的裙装部分采用万能褶纵向密集排列法。万能褶可采用宽度渐变万能褶，圆心较窄处在上，逐渐过渡到裙摆为较宽褶皱。万能褶密集排列的裙装具有飘逸、饱满、灵动的视觉效果。此外，万能褶在裙装上也经常以横向或斜向密集排列的方法展现。图 2-51 作品是一件非常简单的万能褶小礼服。在抹胸裙底上，将万能褶在胸部横向密集排列，然后斜向顺延至腰部，呈发射状密集排列至裙摆即可。此款礼服在制作时，需注意万能褶的排列位置及疏密关系。组图 2-52 作品是一款正装礼服。在翻领、高腰分割线及公主线分割的成衣上，可以装饰万能褶皱。在这款服装上，万能褶安排在袖窿处形成袖子，在高腰分割线下排列并顺延盘踞在体侧，形成层次饱满、美观的款式造型。

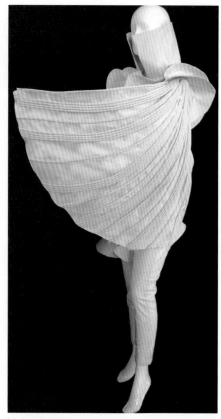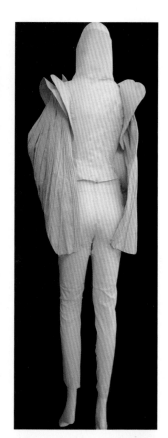

组图 2-53 第五届纳薇东华杯铜奖作品（作者：李艾丽）

　　组图 2-53 作品灵感来源于鸟类，翎毛与翅膀幻化为前胸的万能褶及宽幅袖子的设计语言。万能褶在上衣前胸部位嵌入了省道分割中，几条万能褶条在腰部汇合，并盘旋顺延向下形成上衣的丰富层次，布料黏熨较厚黏合衬可使褶浪挺立。衣袖部位镶嵌裹绳工艺，成衣作品中在嵌条上渐变烫钻。成衣作品面料采用深灰与粉两种颜色组合，内外交替，变幻自然。

组图 2-54 第五届纳薇东华杯铜奖作品（作者：李艾丽）

　　组图 2-54 作品与组图 2-53 作品为同系列，灵感同样来源于鸟类。组图 2-54 作品白坯布样衣的后裙摆在成衣制作时进行了修改，改用万能褶布满后裙，造型更加饱满、生动。

　　另外，此款服装同时加入了折纸造型元素，在前胸部折成千纸鹤的鸟头，配合大 A 字领型，使造型更加突出、有趣。

四、剪切

1. 原理与方法

剪切即在一块面料上进行规则或不规则的裁剪、剪切，然后将面料披挂在人台上，根据剪切的位置、形状，结合人体的形态，部位利用扭转、穿插、折叠、打褶等立裁技术技巧而得到的具有偶然性与创意性的服装作品。

剪切是创意立体裁剪经常使用的技术方法，具有极大的偶然性和不可预见性，是制作创意服装作品的必要手段。

剪切在技术方法上也分为不完全剪切、完全剪切及错位缝合等方法与手段。

2. 不完全剪切

不完全剪切即在一块面料上设定剪切线，然后将剪切线剪开，但并不完全剪断，面料仍为一个整体。再根据裁剪剪切线所得到的不规则面料边缘，在人台上结合人体的部位，运用扭转、折叠等技术手段得到符合视觉审美的服装创意作品。需要注意的是，这里的面料形状与剪切线是整个造型的关键。面料的形状可随意设定，可为规矩的几何形（如圆形、方形等），也可为不规则形状。面料上的剪切线也可随意设定，不同的剪切线会得到不同的成品效果，甚至相同的面料形状及相同的剪切线，通过不同的造型方法也可得到效果完全迥异的成品效果。设计师的设计制作经验、审美感觉及对面料与人体部位之间的微妙关系的理解也起到至关重要的作用。

组图 2-55 作品中，在一块不规则形状的面料上随意设定剪切线，剪切线可以是连贯的直线或曲线，也可以是互不相连的线段。然后将剪切线剪开，将布料放置在人台上造型。

造型时，应充分利用剪切线的特点，将剪切线所分割出的面料形状与人体部位相结合，运用折叠、穿插、扭转等方法进行塑造。如哪一部分面料适合围绕脖颈得出领子造型，哪一部分面料适合围绕手臂得到袖子造型等。这一过程需要设计师反复的实验、寻找，实验寻找的过程最初是迷茫的，但随着试验的增多，这一过程往往会给设计师带来莫大的惊喜与灵感。

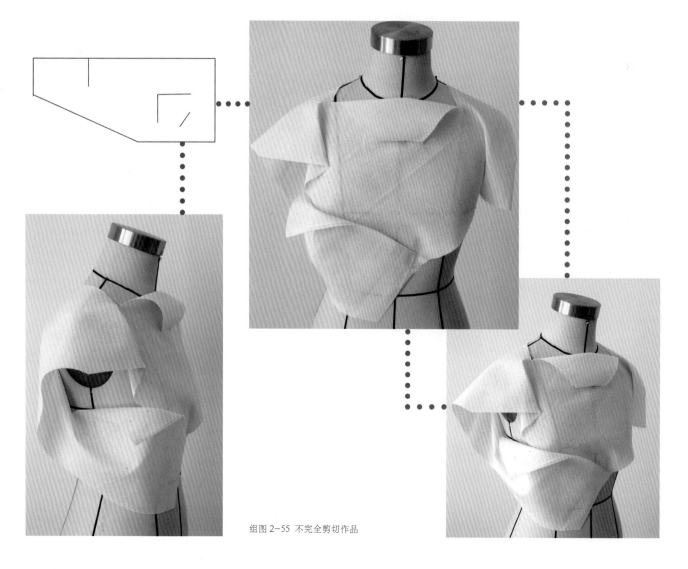

组图 2-55 不完全剪切作品

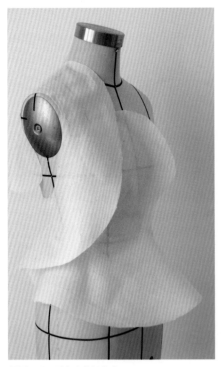 

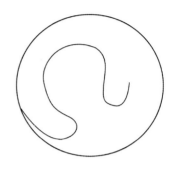

不完全剪切平面剪切图

组图 2-56 不完全剪切作品

组图 2-56 亦为不完全剪切作品，在圆形布料上做曲线分割，分割线不完全剪切开。将得到的新裁片在人台上缠绕于人体各部位形成新的造型效果。

3. 完全剪切

完全剪切即在一块面料上设定剪切线，然后将面料按剪切线完全剪切开，使原来的面料整体分割为几部分，然后放在人台上，结合人体的部位运用扭转、折叠等技术手段得到符合视觉审美的服装创意作品，如组图 2-57。

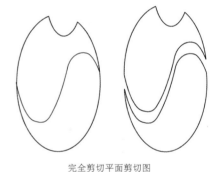

完全剪切平面剪切图

组图 2-57 完全剪切作品

4. 错位缝合

错位缝合即将面料完全剪切后，将剪切线随意错位缝合。剪切线错缝位置的不同会得到不同的造型效果。缝合时无需考虑过多，凭感觉错位即可。在人体上造型时，应充分运用缝合后的坯布特点与人体部位找到最适合的造型效果。同样的错位缝合后的坯布，因为造型手法及与人体结合部位的不同，会得到不同的造型结果。

（1）如图2-58将三角形坯布不完全剪切成螺旋三角形布片，然后将中心点处三角剪切线错位一条三角边线进行缝合。将得到的缝合后的坯布，根据坯布特点将其与人体部位相结合，得到下列4组造型效果，如组图2-59～图2-62。可利用缝合坯布的不同边缘与人体结合，也可改变人体结合部位，如图2-62造型效果四为下身裙装造型。

图2-58 将三角形坯布不完全剪切成螺旋三角形布片

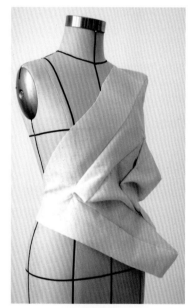

组图2-59 造型效果一

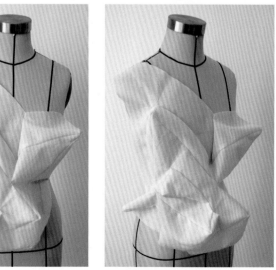

组图2-60 造型效果二

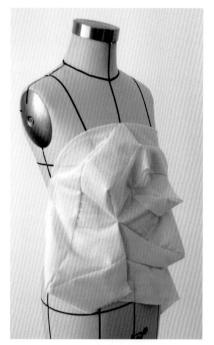
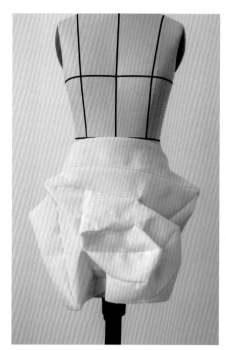

组图 2-61 造型效果三

图 2-62 造型效果四

（2）如组图2-63将长方形布料做波浪完全剪切，然后将波浪线错位，凸出部位与凸出部位、凹进部位与凹进部位对合错位缝合，得到缝合后的坯布后在人台上与人体部位结合造型。

下面4组造型为用此方法将坯布错位缝合后，利用布料不同位置结合人体不同部位而得到的造型效果（图6-64～组图2-67）。

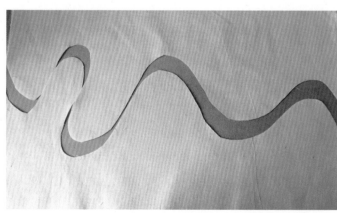

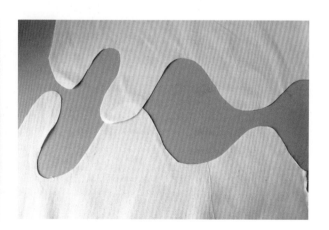

组图 2-63 将长方形布料做波浪完全剪切

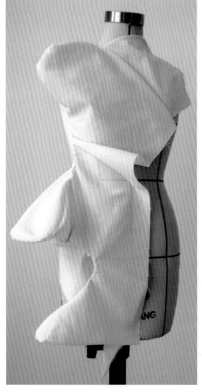

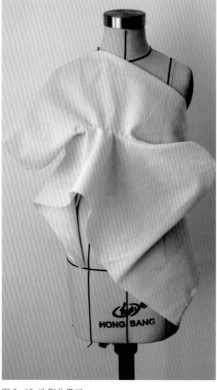

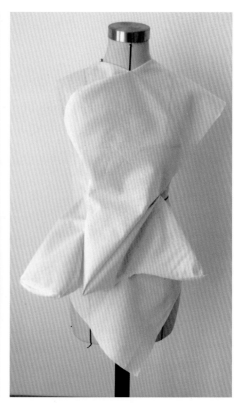

图 2-64 造型效果一 　　　　　　　图 2-65 造型效果二 　　　　　　　图 2-66 造型效果三

组图 2-67 造型效果四

图 2-68 Viktor & Rolf 2016 秋冬高级定制作品

五、穿越编织

1.原理与方法

穿越编织，即布料与布料之间互相交错、穿越、缠绕的造型手法。穿越的布料可以是条状布料，按一定的编织手法如十字编织、人字编织、网状编织、套结编织、菱形编织等形成各种编织效果，也可以是面状布料利用扭转、叠褶、剪切等手法形成复杂丰富的穿越视觉效果。

2.条状编织

条状编织，即将面料裁成 45° 斜丝条状，根据设计款式在人台上运用编织方法进行编织。条状编织可以将胸腰省量、臀腰省量等自然的消减进编织结构中去，起到塑造三维形体，又无明显省道痕迹的造型效果。进行编织的条状面料可以适当加入其他条状元素素材，如纱布、珠链等条状装饰物，更加丰富编织穿越的视觉效果，如图 2-68Viktor & Rolf 2016 秋冬高级定制作品。

组图 2-69 作品是一款坯布编织小礼服。此款礼服造型活泼、可爱、层次感强，适合童装礼服、少女礼服使用。礼服上半身的条状十字编织结构是设计的视觉重点，通过条状坯布之间的紧密编织关系，将胸腰省量收进编织结构中去，起到突出胸部、收紧腰部又无明显省道痕迹的造型要求。下半身裙子为两层结构，里裙为坯布面料的大斜裙，外裙为纱布抽褶裙。两层裙子虚实结合，丰富了立裁坯布面料的层次感。

在真实面料制作时，还可在编织结构及里裙上运用更多的装饰元素，如条状珠链、亮片、珠花等丰富面料层次及肌理。

组图 2-69 坯布编织小礼服

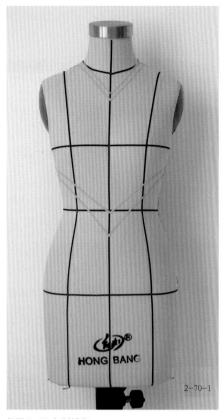

2-70-1

组图 2-70 打板过程

此款礼服的制作过程如下。

①标线：根据设计款式，在人台上用标志线将服装结构线标画出。标画结构线时，要注意把握服装的整体比例关系。将人台调整到模特身高，站在远处确定分割线、服装各部位结构长度等，并反复调整，直到得到满意的比例关系及优美的结构线为止。

此款礼服需要在人台上标画出领口线及腰部分割线，如图 2-70-1。

②坯布准备：根据标画的服装结构裁剪熨烫坯布。此款礼服上半身为条状面料编织，应根据条状编织的宽度采用 45°斜丝裁剪并熨烫面料。因为 45°斜丝最易变形，故布条可以更好地随人体形态进行弯曲造型，不易出褶。熨烫宽度适当的情况下可以采用卷布器帮助熨烫，提高布条制作效率，如图 2-70-2、图 2-70-3。

③制板缝制：

A. 制作上半身编织结构

将熨烫好的斜丝布条顺着领口标线斜度依次排列，布条两端固定。排列时，布条随人台起伏（胸腰部）不要有余量。

排满一侧后，再顺另一边的领口标线斜度排列布条，与另一方向的布条做十字交叉编织。做交叉编织时，注意胸部起伏处，将布条拉紧调整，将省量编织进去，如图 2-70-4 ~ 图 2-70-6。

用布条将上半身区域编织满，调整好编织布条之间的松紧度。用标线在编织物表面将腰部结构线重新标画出来，如图 2-70-7。

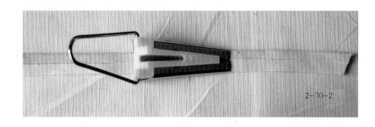

2-70-2

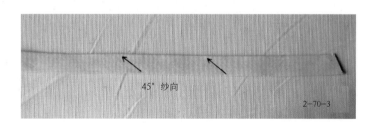

45° 纱向

2-70-3

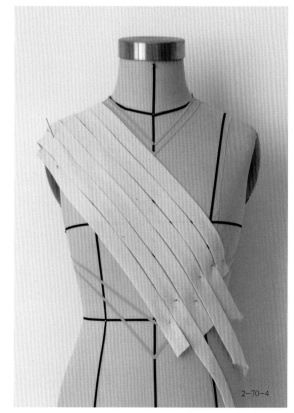

2-70-4

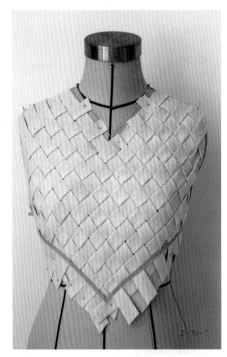

2-70-5　　　　2-70-6　　　　2-70-7

B. 制作裙子

裙子部分采用两层结构，里裙为坯布大斜裙，外裙为纱布打褶裙。

首先制作里裙。运用大斜裙制作方法，在腰部结构线处定褶的数量，并打剪口制作固定，后片同理。注意制作时要时刻观察各个褶量的大小是否一致，褶的高峰是否在一个水平面上。前片侧裙摆要大过后片侧裙摆。裙子侧缝线在前后片侧摆的谷底并与地面保持垂直，如图 2-70-8 ~ 图 2-70-10。

其次加上纱布外裙，纱布外裙采用抽褶处理。运用坯布制作完整成衣时，纱布是常用的辅助面料。由于纱布颜色与坯布一致，并且质感、透明度与坯布相差较大，故可以大大的丰富坯布为主料成衣的面料层次感、虚

2-70-8　　　　2-70-9　　　　2-70-10

2-70-11

实感及肌理感。再搭配与坯布风格一致的木珠、米色珠、棉线蕾丝花边等辅助素材会使坯布成衣的内涵更加丰富。

根据外裙尺寸，裁直丝方向长方形纱布，在顶端用棉线手缝平针，针距尽量平均，然后做抽褶处理，并调整褶量的疏密，如图2-70-11。

将处理好的外裙罩在大斜裙里裙上，调整造型与褶量。固定好后利用一斜丝布条做腰带固定完成，如图2-70-12～图2-70-14。

此款礼服也可将外裙抽褶纱裙去掉，单采用里层坯布裙，凸显出大斜裙的裙型特点，如图2-70-15、图2-70-16。

2-70-12

2-70-13

2-70-14

2-70-15

2-70-16

(2) 更多的条状编织示例

可以运用不同的编织排列方法得到不同的编织效果，如图2-71、图2-72。亦可以使用不同材质的面料元素采用适合的编织方法进行编织，得到丰富的面料素材并运用到服装中，如图2-73～图2-75几种编织效果可以运用到服装的不同部位，得到不同的造型效果（组图2-76）。

图 2-71　编织方法

图 2-72　编织方法

组图 2-73　编织纹样

组图 2-74　编织纹样

组图 2-75　编织纹样

组图 2-76　服装上的应用效果图

3. 面状穿越编织

面状穿越编织，即将面料与人体结合的各个覆盖面理解为穿越编织单位，利用扭转、叠褶、剪切等手段，将面料与面料之间做穿越编织动作。

如组图 2-77 作品，利用面料的面状特性，运用折叠省道的处理手法，将面料在前后腰处处理成交错编织的笋状立体造型。

前片制作时，取长方形布料，注意布料的宽度与长度足够折叠面积。取布料中心经纱方向与人台前中心线重合，将领窝部裁剪得出。然后在面料肩部叠褶捏出两条省道，省道量可稍多些，将两条省道顺叠进部分理顺至前胸处，使两条省道的叠进量起到支撑作用，在前胸部撑起立体造型。此处撑起的立体造型可根据个人感觉结合前胸结构捏取出不同的立体造型，此处为倒三角形立体结构。而后将倒三角形的两条边在腰部交错穿越，并将剩余布料继续在此处叠进做交错笋状穿越。注意腰部笋状穿越的叠进量的控制，若叠进量过多，可在深处将多余量裁剪掉。后片制作方法与前片腰部笋状穿越的制作方法一致。

组图 2-77 面状穿越编织

正面

背面

六、立体折纸

1. 原理与方法

立体折纸法即运用折纸方法将布料进行折叠塑造并运用到服装造型中。布料在进行折叠塑造前应熨烫适合的黏合衬，这样可以使布料更似纸张的特性，利于塑造。立体折纸法是最易塑造服装立体结构的造型方法，折纸造型本身就具备立体结构特点，再与服装款式相结合，可以得到立体、生动、有趣、意想不到的造型效果。立体折纸法不应局限于传统的直线折纸方法，也可在平面的布料上进行弯曲、弧度等折线的尝试，得到丰富的立体造型效果。

2. 立体折纸作品

组图 2-78 作品为第四届"纳薇东华杯"创意版型获奖作品的坯布样衣。此系列服装运用折纸手法，将折纸造型与服装的裙摆、袖口、领型及前后衣身相结合进行造型设计。服装也根据折纸的立体感觉，将裙摆及袖口处设计为四面盒状立体造型，配合层叠的折纸，塑造出结构立体、层次感强、造型丰富有趣的服装作品。

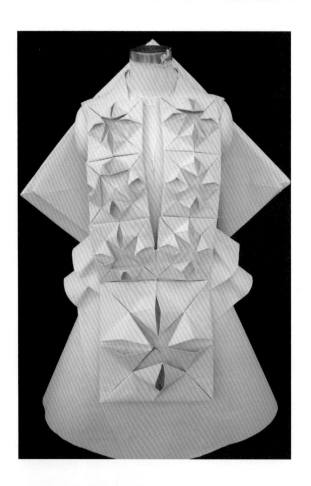

组图 2-78 第四届"纳薇东华杯"中国立体裁剪造型
设计大赛创意版型奖作品（作者：王文卿）

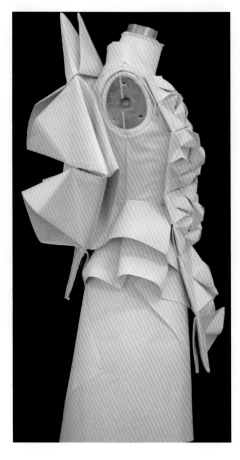

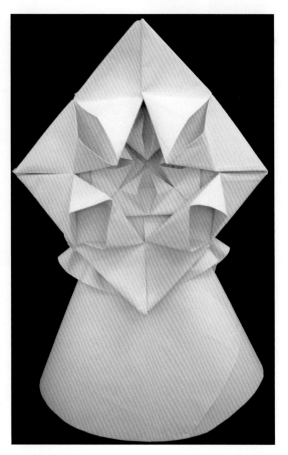

 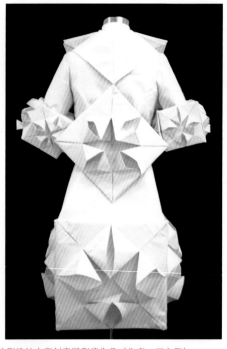 

组图 2-78（续）　第四届"纳薇东华杯"中国立体裁剪造型设计大赛创意版型奖作品（作者：王文卿）

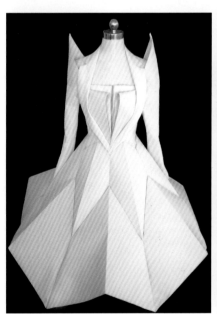 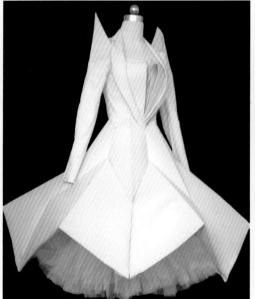 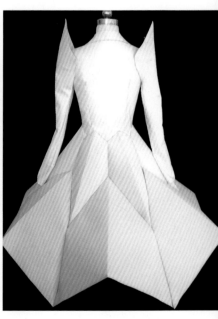

组图 2-79 具有建筑风格的折纸造型作品（作者：崔伟娜）

　　组图 2-79 作品是一款具有建筑风格的折纸造型作品。服装的裙身及裙摆采用多面折纸造型，制作时需仔细计算裙摆及裙腰的围度与裙体折面的个数、面积及所得范围的关系，计算过程比较复杂，需反复试验确定。此款服装尖角袖型及层叠的前胸结构配合具有立体感的折面裙摆，给人以上升、端庄、大气的审美感受。

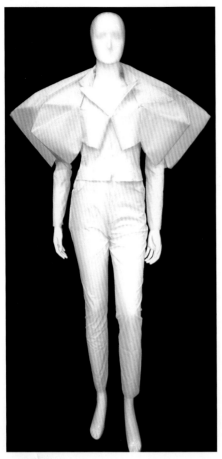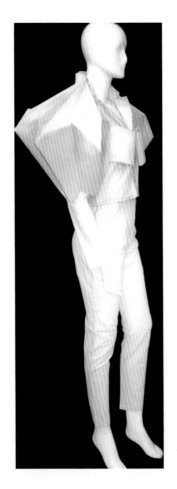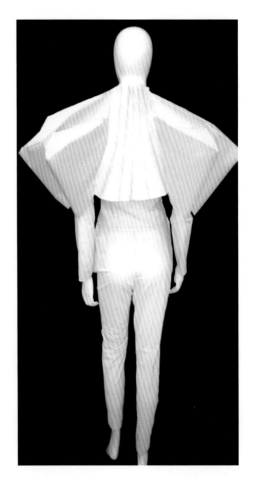

组图 2-80 作者：崔伟娜

组图 2-80 的作品与组图 2-79 作品为同系列，同样运用折纸法彰显建筑风格的立体感。服装的肩袖部分为设计制作重点，采用楞面立体折纸法将肩、袖与前后衣身结合起来，肩袖立体折面的打板过程亦需仔细反复计算确定，较有难度。此款服装虽有一定的制作难度，但肩袖部位的连接线趋于向下，给人以紧张压迫感，在整体廓型上存在不足。若能将肩线提高，相应改变肩袖的立体廓型则会得到更好的视觉效果。

图 2-81 作品将图 2-79 作品的肩部造型进行了修改，肩线走势改为向上造型，并重新设计了肩部立体结构造型关系，其他位置不变。修改后的服装造型立体感强，并给人以向上、不压抑的视觉感受。

图 2-81 修改后的效果

第二节 从平面版型出发的逆向思维结构造型

组图 2-82 圆形造型一及打板过程

一、原理与方法

从平面版型着手，即运用最单纯的平面几何造型面料使之与人体结合，通过各种塑型手段实现面料与人体间自然、流畅的造型效果。最单纯的平面几何造型如方形、圆形、三角形等。

平面造型的方法强调创造的偶然性，即平面裁片与人体各部位结合时发生的偶然互动，更强调设计师的动手与发现偶然美，并能将之顺势塑造出效果的能力。

二、平面几何裁片直接造型

平面几何裁片直接造型，即使用单纯的几何裁片直接在人台上塑形。如方形、圆形、三角形等。

1. 圆形

（1）造型一（组图 2-82）

组图 2-82 造型一作品，完全采用圆形布，除衣领部位外不加任何开剪线，利用提拉、翻转、叠转等造型手段进行塑造。整款服装外形大气、端庄。前身处凹进立体造型是此款服装的塑造重点。制作方法如下。

① 此款上衣造型采用 360° 圆形布塑造。根据所需衣长定圆布半径，在圆心处开一个小椭圆形作为衣领，如图 2-82-3。

②将圆布套在人台上，使其自然下垂，得到自然垂褶，如图 2-82-4。将衣摆前中心线底点处提起，如图 2-82-4 中箭头方向，将此点固定在前颈点处，得到图 2-82-5 造型。

③将图 2-82-5 中衣角两侧的底点提起（按图 2-82-6 箭头方向）固定在肩膀处，得到图 2-82-7 的造型。按图中箭头方向将前胸两侧面料外翻、反转，边翻转边调整前胸的褶皱凹进造型，至满意为止。

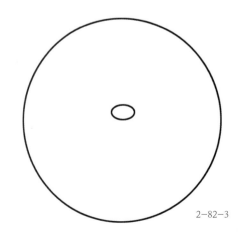

2-82-3

2-82-4

2-82-5

2-82-6

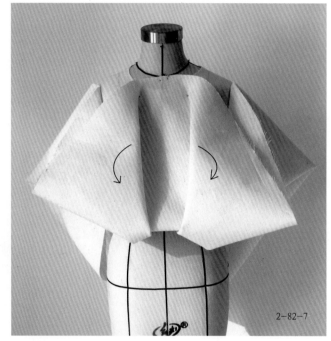

2-82-7

组图 2-82（续）打板过程

（2）造型二

组图 2-83 造型二的系列作品与造型一作品一样，采用圆形布料，利用提拉、叠省、翻转等造型手段制作而成。服装前身造型如花瓣层叠，自然、饱满、富有韵律美。

2-83-1

2-83-2

组图 2-83 圆形造型二

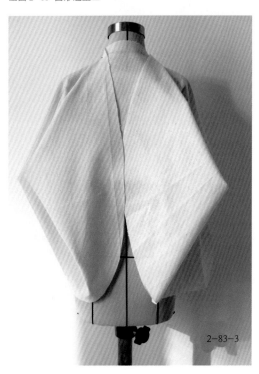

2-83-3

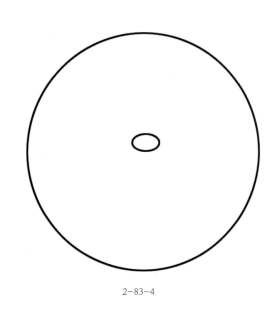

2-83-4

制作方法如下（组图 2-84 ）：

①将圆形布套在人台上（ 图 2-84-1），整理布料余量,从两个肩端向前中心线处叠省（图 2-84-2、图 2-84-3 ），在前胸形成交叉省褶。

② 在图 2-84-3 的基础上，按箭头方向将布料两侧衣摆提起，固定在前颈点处，如图 2-84-4。

③将提拉起的结构中最中心处的布料向外翻，如图 2-84-5 箭头方向。

④整理翻出的结构，注意比例、层次及饱满程度，得出图 2-84-6 的前身造型。

⑤后片，将衣摆底端提起，如图 2-84-7，并在后侧颈两点固定，得到图 2-84-8 造型。

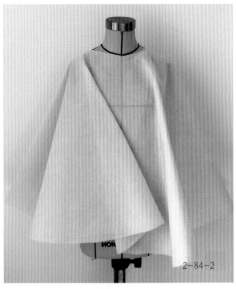

组图 2-84 打板过程

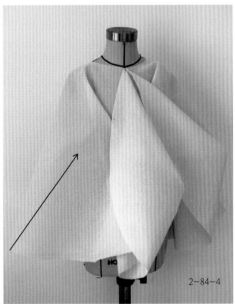

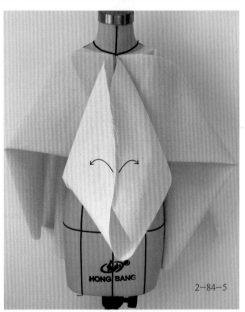

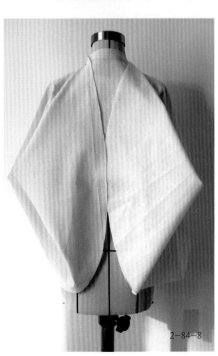

（3）造型三

组图 2-85 为造型三作品，在圆形布料的基础上进行剪切分割处理，然后依据所得到的新的布料边缘切合人体部位在人台上自由创意得出造型。此款服装多采用叠褶、垂荡褶为主要造型手段。褶皱层次丰富、多变，造型活泼优雅。

2-85-1 2-85-2

组图 2-85 圆形造型三

2-85-3

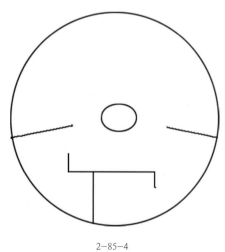

2-85-4

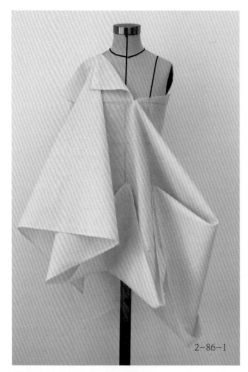

2-86-1

组图 2-86 方形造型一及打板过程

2-86-4

袖口

2-86-2

2-86-3

2-86-6

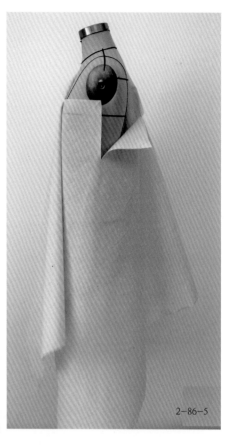

2-86-5

2. 方形

（1）造型一

组图 2-86 造型一作品采用正方形布料制作，整体造型以角元素为设计重点。充分利用了方形各角边缘及剪切线的角进行塑造，并结合提拉、转折、折叠等造型方法进行制作。此款作品造型大方、棱角分明，层次结构清晰（图2-86-1）。制作方法如下。

①采用正方形布料，在布料中心对角线上开十字剪口，十字剪口的长度可以尝试不同尺寸，得到的结果是不同的。十字剪口的一侧开一横线剪口作为袖口，此线可以在制作过程中根据实际位置开剪（图2-86-2）。

②将十字剪口打开，取其中一角，卡在人台一侧侧颈点处，如图2-86-3。

③整理布料余量在人台上的状态，正、侧、背面如图2-86-4～图2-86-6所示。由于角元素为造型重点，故在正面造型中，将布料余量整理出三角形状态，注意层次（图2-86-4）。

④在右肩侧，根据所需袖长，横向开剪出袖口，如图 2-86-7。

⑤再将底摆及侧摆提起固定呈三角造型。此步骤提起折叠角度及长度可根据个人审美自定，再将侧面及背面造型根据人体部位及剩余布料依据审美原则反复进行塑造至满意为止，如图 2-86-8 ~图 2-86-11。

2-86-7

2-86-8

2-86-9

组图 2-86（续）方形造型一打板过程

2-86-10

2-86-11

（2）造型二

组图 2-87 为造型二作品及打板过程。这是一款后摆宽松的直筒型大衣。利用正方形布料，无任何开剪，运用省道折叠等造型方法进行塑造。此款大衣造型简洁、款式大方、制作方法也很简单。

①取正方形布料，在一侧对角线上横开剪，开剪宽度大概为脖颈宽度。再在开剪两侧取肩宽挖两个袖窿，如图 2-87-3。

②将坯布套在人台上，将余量布料整理好。在人台两侧将布料余量向前中心线对折（如图 2-87-3 方向）。整理好两个对褶后再将两侧衣摆继续向前中心线对折（图2-87-4），四道对折线形成对称、层次、秩序美。在最外一侧的对折衣片上安纽扣固定。

③领口前中心线处向下开剪（如图2-87-4 方向），开剪后布料向两侧倒出似衬衫领型并在袖窿处安袖子。最后整理前、后、侧面造型（如图 2-87-5、图 2-87-6）。

2-87-2

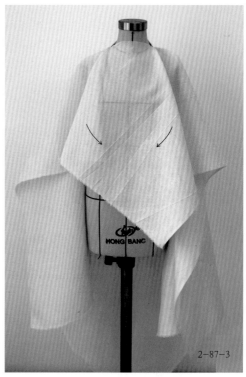

2-87-1

2-87-3

组图2-87 方形造型二及打板过程

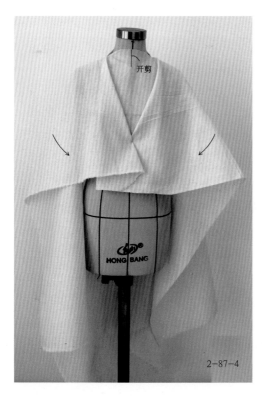

2-87-4

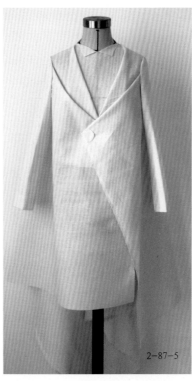

2-87-5

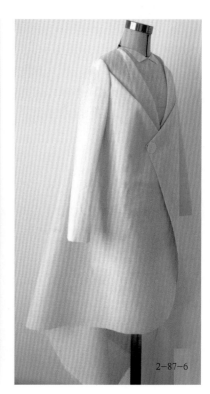

2-87-6

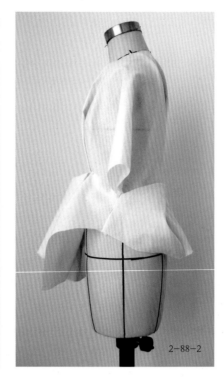
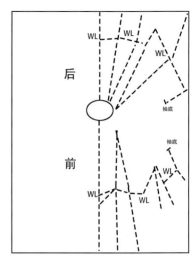

2-88-3

2-88-1

2-88-2

组图 2-88 方形造型三及打板过程

（3）造型三

　　组图 2-88 作品，将长方形
布料放置在人台上，根据人体特
征将布料塑型。胸腰处余量叠褶，
腰围以下布料上提，固定出腰部
的立体造型。

2-88-4

2-88-5

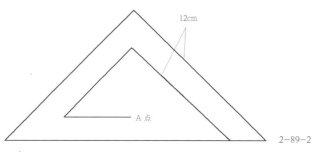

组图2-89 三角形造型及打板过程

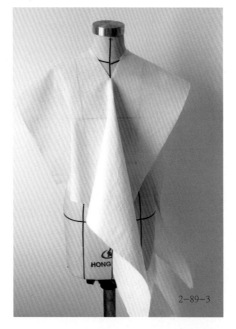

3.三角形

组图2-89作品采用三角形布料，并将布料进行螺旋裁剪成长布条在人台上造型得出。此款服装节奏韵律感强，造型简洁大方。制作方法如下。

①取正三角形布料，底边距布边12cm处画螺旋线至角中点延长线上。此螺旋线的宽度尺寸及螺旋圈数可自定，并可主观反复尝试不同裁剪方法所得到的造型效果，如图2-89-2。

②将裁剪开的布料的螺旋终点处（A点）形成的开角状态放置在人台上，呈V字领型，如图2-89-3。

③将A点处自然垂荡在领下的角布荡褶向衣身一侧造型，并将肩两侧布料捏活褶，塑造出袖子造型，如图2-89-4。

④剩余长条布料顺衣摆斜度在衣摆下回旋造型，可根据剩余布料长度定裙摆层数。适当处可捏取褶皱，使裙摆层次更加丰富多变。最后调整衣身及裙摆前、后、侧面造型，至满意为止，如图2-89-5、图2-89-6。

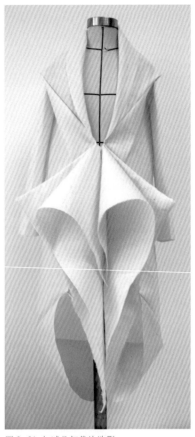

图 2-91 加减几何裁片造型一

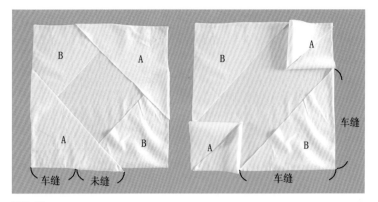

图 2-90

4. 加减几何裁片

加减几何裁片即在单纯的几何形上添加或削减几何形，从而得到新的几何形，以此来塑造服装。如图 2-90 的裁片为一块正方形添加了四个三角形裁片的组合。四个三角形分布在正方形布料的四角，相对的 B 三角形的两条边与正方形边缘完全车缝，两个相对的 A 三角形边与正方形边缘部分缝合。

（1）造型一

图 2-91 作品为创意类成衣，领肩部的梯形顺畅自然，腰中心部位褶浪优雅，富有层次感，是设计重点，再配以翻折底摆使整体造型优雅、大气又不失风趣。

①此款作品采用图 2-90 裁片制作得出。取边缘与正方形完全车缝的 B 角（任意一角）套在脖颈上，如图 2-92-1，B 的尖角垂在后背作为后领造型并固定，如图 2-92-2。

②前衣身脖颈处的上角底边缘如图 2-92-3 方向，向两边翻下做出翻领造型，如图 2-92-4 效果。

③下侧两角 A 角（缝止点）在腰部对称固定。将腰部两侧 A 角与正方形边缘未车缝的边缘按图 2-92-6 箭头方向向里挝，形成自然的富有层次的下垂荡褶涡并固定，如图 2-92-7，胸腰处余量可整理成无形的省量空间，在袖窿处绱袖子。

④底摆最下方全车缝 A 角，将角尖固定在后衣身，如图 2-92-11，余下部分在前身底摆处形成立体空间，与腰部褶浪上下呼应，如图 2-92-8。图 2-92-10 为下角不翻折上去的效果。

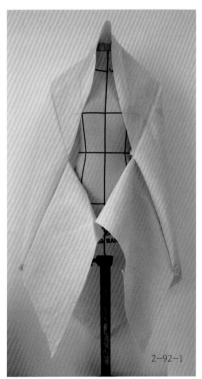

2-92-1

组图 2-92 打板过程

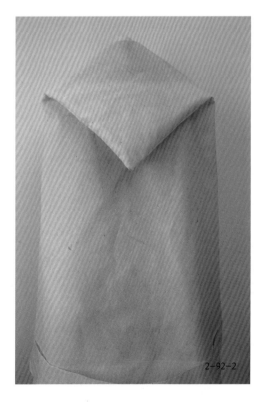

2-92-2

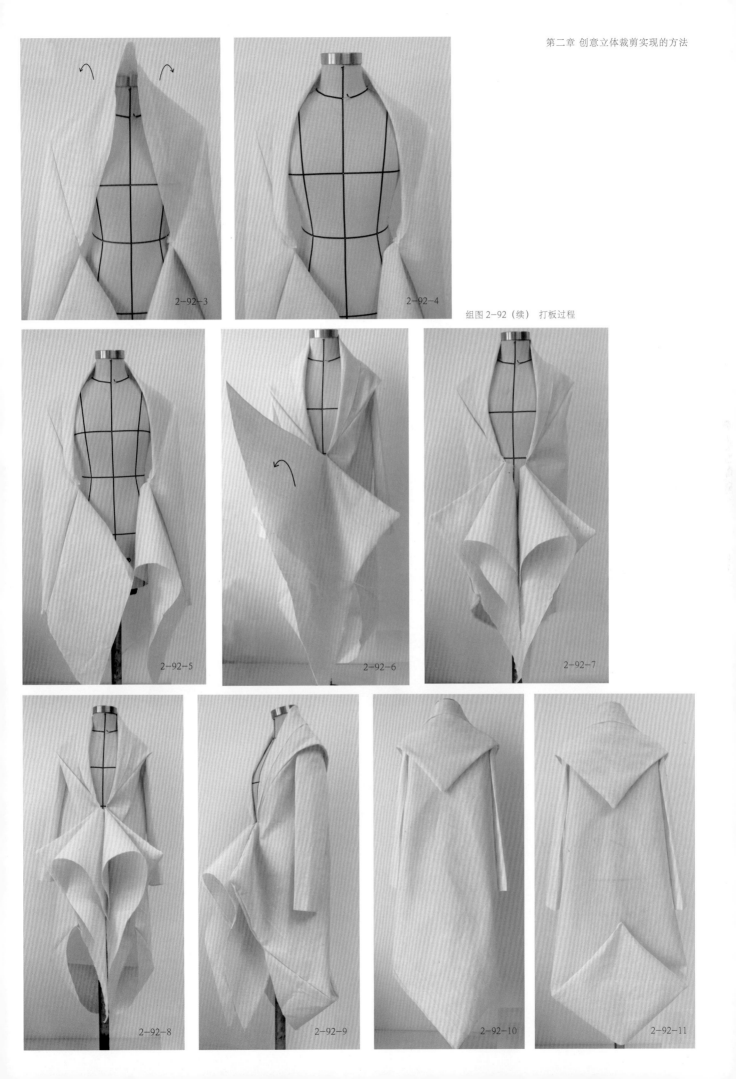

2-92-3

2-92-4

组图 2-92（续） 打板过程

2-92-5

2-92-6

2-92-7

2-92-8

2-92-9

2-92-10

2-92-11

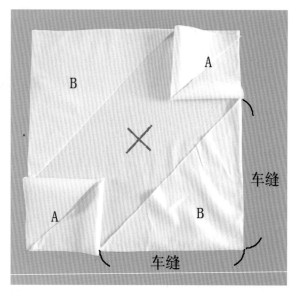

图 2-93

（2）造型二

造型二采用图 2-93 的组合裁片，在裁片正中心位置做十字分割为脖颈出处。此款服装造型蓬松大气，层次感强，如组图 2-94。

①脖颈从布中心的十字开口处穿出，A 角对准前中心位置并将布大概整理成型，将 B 角未缝边缘在身体两侧自然垂荡，如图 2-95-1、图 2-95-2。

②将前衣身片胸腰余量在前中心线处捏褶，并将两个衣褶在底中心固定。下部衣角呈筒状调整成型，如图 2-95-3 ~ 图 2-95-5。

③将两侧 B 角按图 2-95-4 箭头方向移动并在前中心线固定，形成服装的三层空间层次，如图 2-95-5。

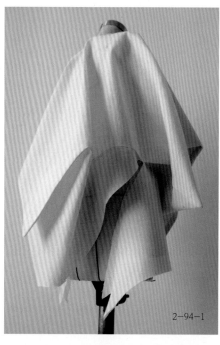

2-94-1

2-94-2

组图 2-94 三角形造型二作品

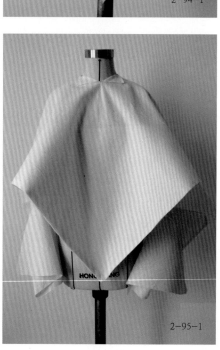

2-95-1

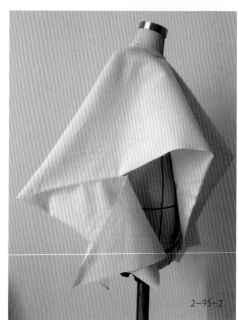

2-95-2

组图 2-95 打板过程

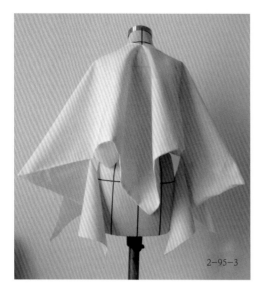
2-95-3

2-95-4

2-95-5

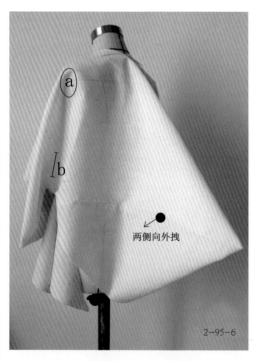
ⓐ
b
两侧向外拽
2-95-6

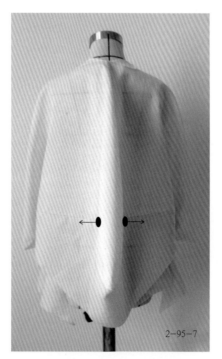
2-95-7

2-95-8

2-95-9

2-95-10

④后衣身下角（A角）在后中心线处拽起，如图2-95-6。按图2-95-6、图2-95-7中的两点向两侧拉拽，形成角状层次结构，如图2-95-8～图2-95-10。

⑤如图2-95-6所示位置，可以开袖窿a或袖口b为手臂出口设计。

组图2-95（续）打板过程

85

第三章 面料的肌理处理及白坯布的再造方法

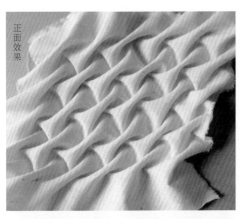

组图 3-1 基板处理法塑造面料造型

除前面几章所讲的立体空间造型手段外，还可以对面料进行肌理加工处理来塑造服装造型。

一、原理

面料的肌理，即将二维的面料按照一定的规律手法，进行二次加工处理，使其更加丰富、立体。

二、面料肌理的处理方法

面料肌理的处理方法多种多样，一般服装院校都开设有"面料再造课程"专门讲述。面料肌理最常见的处理手法有基板处理法、堆积法、重叠法、编织法、刺绣法、绗缝填充法、切割镂空法、印染法等。

诸多面料处理方法中，以基板处理法、重叠法、堆积法、编织法等更具立体造型感，也更多地被用于服装立体造型的塑造。

1. 基板处理法

基板处理法即在平面的布料上画出方格，然后按照一定的规律顺序在方格上缝线，以得到规律的、重复的、富有变化的面料肌理（组图 3-1）。

基板处理法得到的布料变化丰富，非常具有立体感，并且可以将人体胸腰差、腰臀差等余量省道通过伸缩起伏的肌理自然处理进面料中去，常用于塑造服装的立体造型。

（1）基本制作方法

如组图 3-2 在布料里侧画菱形方格，然后按照一定的缝制规律在方格上手缝抽出造型。缝制规律不同，所得出的造型也不同。可自行创造缝制规律，尝试得出意想不到的造型效果，缝制方法如图所示。

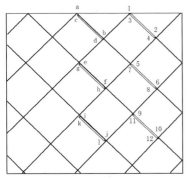
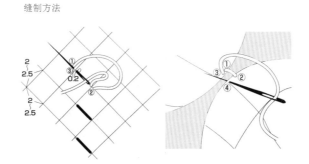

缝制方法

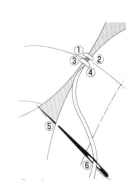

组图 3-2 画菱形方格及缝制方法

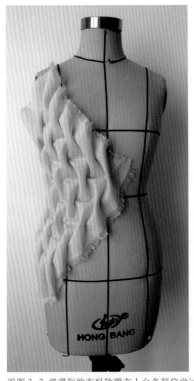
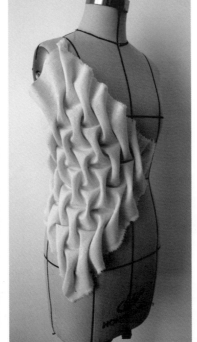

组图 3-3 将得到的布料放置在人台各部位尝试

得到起伏有规律的布料后，可用此面料进行服装的设计。可在纸上设计出造型草图后再打板，也可在人台各部位尝试直接打板造型。

如组图 3-3 将得到的布料放置在人台各部位尝试，确定合适位置后进行造型设计。此块肌理面料通过高低起伏的肌理，将胸腰差余量自然地分散到面料起伏中去，无需再做省道处理。

图 3-4 根据布料在人台上放置部位得到的灵感，在纸面上设计出礼服造型草图。组图 3-5 为最终制作出的成衣效果。

图 3-4 草图效果

组图 3-5　成衣效果

（2）正方格基板

组图 3-6 为正方格基板处理的面料效果，缝制规律不同，得到的面料效果亦不同。图 3-7 为此面料效果的正方形格缝制顺序。

（3）菱形格基板

组图 3-8 为在菱形格基板上制作的面料效果。图 3-9 为此面料效果的菱形格缝制顺序。具体缝制方法如图 3-10。

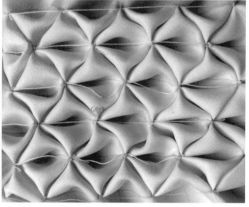

组图 3-6　正方格基板处理的面料正面和背面效果

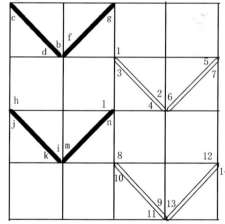

图 3-7　正方形格缝制顺序

组图 3-8　菱形格基板上制作的面料正面和背面效果

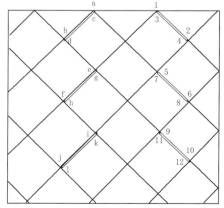

图 3-9　菱形格缝制顺序

缝制方法

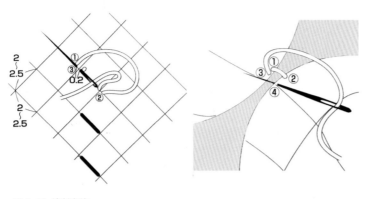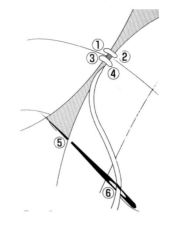

图 3-10 缝制方法

4. 点状图案布料

通过一定的缝纫规律，可以将点状图案面料处理成有趣的基板面料肌理，如组图 3-11。缝制方法见图 3-12。

5. 肌理面料在服装上的使用方法

缝制好的肌理面料，可以放置在服装结构衣片中，作为设计元素。裁剪使用方法见图 3-13。

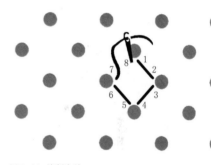

图 3-12 缝制方法

组图 3-11 将点状图案面料处理成有趣的基板面料肌理（正面和背面效果）

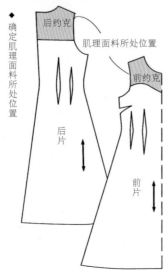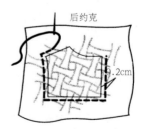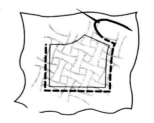

- 将版型放置在肌理面料上
- 距净板 0.2cm 处缝拱针固定（防止肌理面料松散）
- 最后缝制

图 3-13 肌理布料在衣身上的使用方法

（6）应用实例

应用案例如组图 3-14、组图 3-15 所示。

组图 3-14 应用案例 1

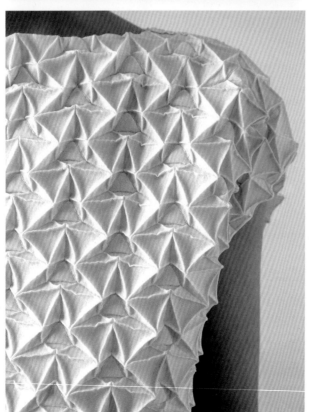

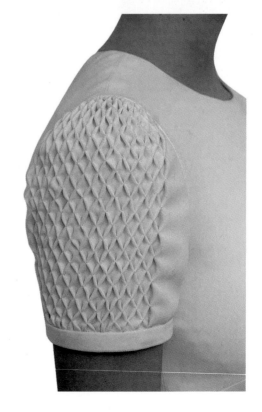

组图 3-15 应用案例 2

2. 白坯布面料的再造方法及辅料的选择搭配

在各学校的立体裁剪课程中，立体裁剪的打板布料及最终提交的成衣作业都以白坯布为主要面料。为了丰富成衣效果、面料层次，可适当使用一定的面料再造方法及相称的面辅料进行搭配。

（1）抽纱法

抽纱法即将布料的经纱或纬纱抽掉一部分，使面料边缘呈现虚边的效果。抽纱可以虚化边缘，起到过渡、增加服装层次并丰富服装细节的作用。

例1：组图3-16可以将坯布及与之搭配的本色纱、本色口罩布等面料做抽纱处理，并重叠放置在一起上压本色蕾丝花边作为坯布成衣的装饰元素。

例2：图3-17将经过抽纱处理的口罩布放置在管状褶皱间。不但虚化了管状褶皱的边缘，还起到了过渡、丰富服装装饰细节的作用。

例3：图3-18将本色纱做抽纱处理后嵌缝在衣身纵向分割线中，丰富了衣身纵向分割线效果，也使面料呈现出丰满、蓬松的质感。

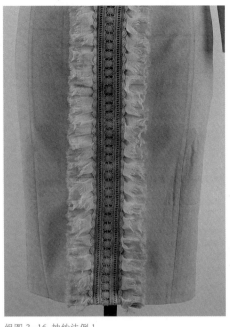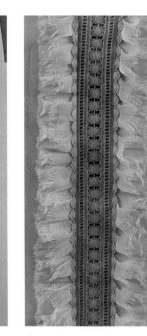

组图 3-16 抽纱法例 1

图 3-17 抽纱法例 2

图 3-18 抽纱法例 3

（2）重叠覆盖法

重叠覆盖法，即在坯布主面料上覆盖一层本色蕾丝、本色纱或本色口罩布等辅助面料，增加面料层次，丰富面料效果。重叠覆盖法在坯布立裁成衣制作中被经常运用，可以改善白坯布的单调性，提升面料品质。

例1：图3-19，在部分分割衣片上覆盖细纹蕾丝面料，提升面料质感，丰富作品细节。

例2：图3-20，此作品在披肩上覆盖了大图案蕾丝面料，前衣身上的两个贴袋也选用了透明的本色纱来制作，丰富了作品的面料质感。

例3：图3-21，此作品在坯布底裙之上，用本色口罩布制作了大斜裙。口罩布的透明感增加了裙装的层次，并与上装形成虚实对比关系，使作品更加灵动、自然、透气。

（3）拼接法

拼接法，即将坯布面料与其他本色面料拼接缝合，构成新质感的面料后再进行服装的造型制作。可与白坯布拼接搭配的面料有本色的口罩布、本色纱、本色锻等。

如图3-22，此款褶裙即由坯布、口罩布、纱、锻等面料拼接制作而成。

图3-19 重叠覆盖法例1

图3-20 重叠覆盖法例2

图3-21 重叠覆盖法例3

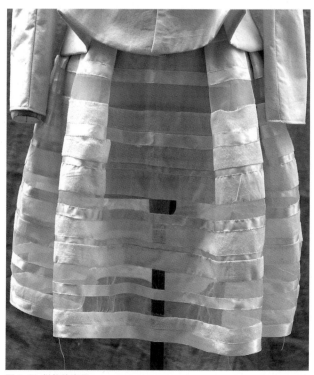

图3-22 拼接法应用

图 3-23 镶嵌装饰法例 1

图 3-24 镶嵌装饰法例 2

（4）镶嵌装饰法

一些点状装饰素材也可用于坯布成衣中，但需注意点状素材的选择应与主面料白坯布相配，如本色的珠子、亮片、木珠、铆钉、乳色珍珠等。装饰手法可以采用针绣或者胶枪黏贴珠片的方式。

例 1：如图 3-23，此款作品的内衬衣部分运用了覆盖法，即镶嵌法。在坯布上覆盖一层蕾丝面料，并依据蕾丝面料的花纹图案缝制米粒珠子进行细节的装饰点缀，制成的坯布成衣更加精致而耐看，提升服装的档次。

例 2：图 3-24，此款服装的腰封部分采用了金属铆钉进行镶嵌装饰，铆钉与白坯布搭配的视觉效果非常显著。

（5）裹绳法

裹绳法，即将棉绳用坯布裹住后，在服装所需位置上进行装饰添加。裹绳的坯布需裁成 45°斜丝，并用单边压脚将布紧密的贴合棉绳车缝。用 45°斜丝的坯布裹绳，是为了对服装进行曲线装饰时，裹绳可以顺畅地按设计需求走出弧线，不出褶皱。

例 1：图 3-25 礼服的主要装饰元素为裹绳。45°斜丝坯布，使平行排列的裹绳元素能够顺畅的按照设计要求在服装结构上自由行走。

例 2：图 3-26 上衣的领部、肩袖部、前门襟、衣摆等处均采用了裹绳元素设计。

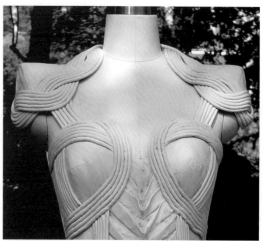

图 3-25 裹绳法例 1

图 3-26 裹绳法例 2

第四章 创意立体裁剪
设计与制作过程详解

这一章对创意立体裁剪造型的设计、制作全过程进行全面的介绍。从最初的灵感迸发到最终的成衣制作完成，作品经历的每一个步骤都将展现在读者眼前。

第一节 创意立体裁剪造型的设计方法

优秀的创意立裁作品其款式、设计总是能够吸引眼球，它们是否具备一定的设计规律呢？下面将从三个方面阐述创意立裁造型的设计方法。每一种方法都没有绝对的界限，可互相渗透，综合运用。

一、借鉴法

借鉴法即借鉴已存在的服装设计作品，运用自身对服装的理解，将众多服装设计元素进行重新整合而得到的新的造型设计作品。

借鉴法是初学服装设计的学生们常用的设计方法与手段，可以使学生免走设计弯路，直接站在服装大师的肩膀上前行。当然，借鉴法难免摆脱原型服装设计的身影，在造型的原创性上存在一定的弊端，难出现天马行空的设计想象力。然而借鉴法却也是优秀设计师的必经之路，它是形成自己独特设计风格的起点。

在选择借鉴的服装时，尽量选择世界大师作品。通过对大师作品的分析、借鉴、制作，深入服装大师的设计制作世界，尽量理解、学习大师的设计、技术精髓，提升自身的审美、设计，以及制作能力。

组图4-1作品采取两件现有服装的上衣及裙子部分，进行组合设计，并运用面辅料辅助搭配等方法，从而得到新的成衣作品。

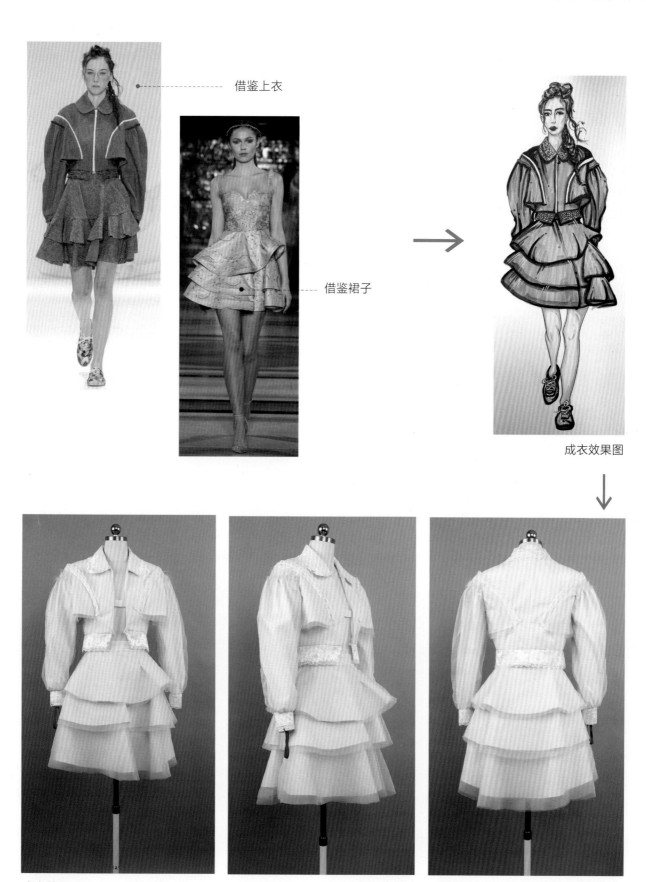

借鉴上衣

借鉴裙子

成衣效果图

成衣效果

组图 4-1 利用借鉴法设计制作作品 1（作者：刘芙伶）

组图 4-2 作品也是借鉴了大师的服装作品。取一件服装的廓型及裙子部分，另一件的袖子部分进行整合设计。另外在上衣结构分割处做了细致的叠褶及斜丝条装饰盘绕设计，在保证服装大体廓型的基础上，大大提升了服装的细节精致度。

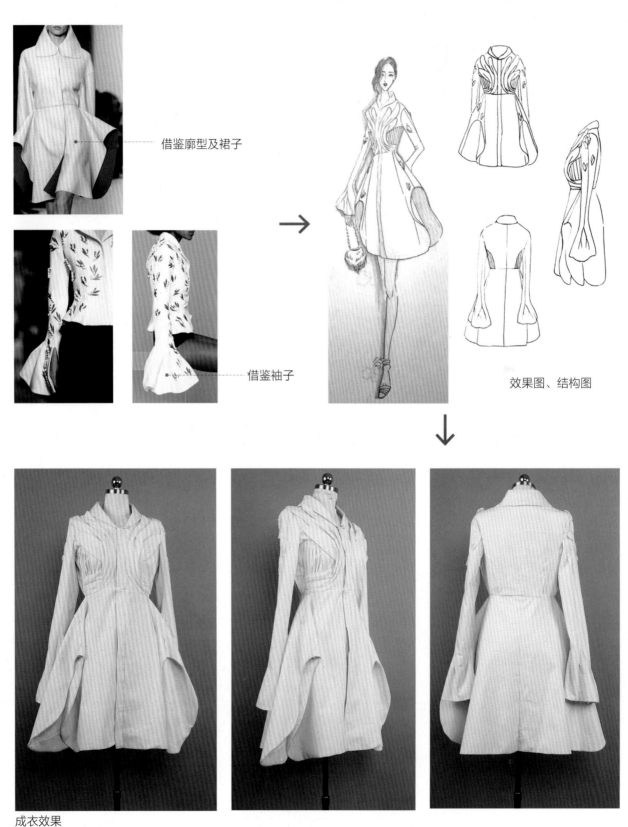

借鉴廓型及裙子

借鉴袖子

效果图、结构图

成衣效果

组图 4-2 利用借鉴法设计制作作品 2（作者：刘洋）

组图4-3作品借鉴大师作品的肩袖及裙子部分。裙子部分将大斜裙的波浪褶做了渐变环绕设计的改动，使服装更具连贯性，节奏、韵律感更强。

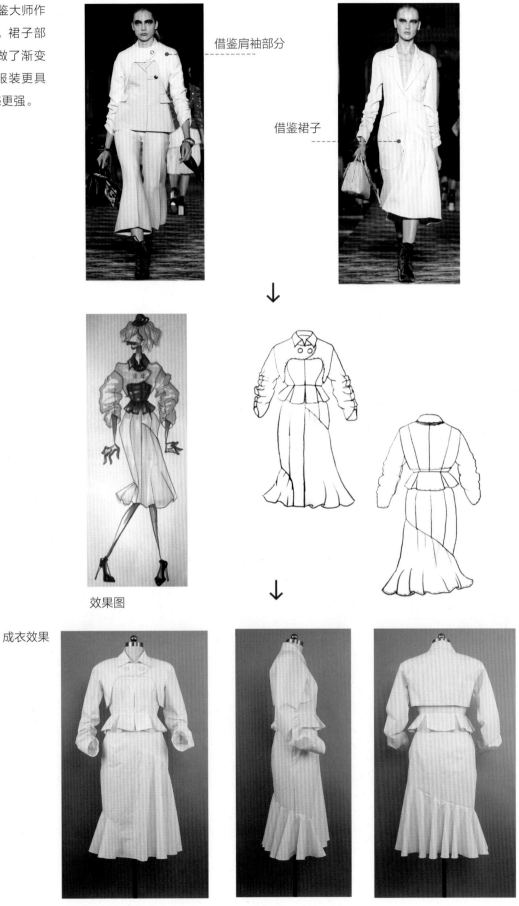

借鉴肩袖部分

借鉴裙子

效果图

成衣效果

组图4-3 利用借鉴法设计制作作品3（作者：战文淼）

二、原创法

原创法，即根据灵感来源而进行的服装造型设计。设计师的灵感来源非常广泛，可以从精神及物质世界的各个方面汲取灵感。

物质世界由于有固定的事物形象，因此事物模拟更易被设计师采用。事物模拟，即从物质世界的各种事物中汲取灵感，提炼出设计元素，并运用形式美法则进行服装造型设计。事物模拟中常见的有仿生设计及非生物模拟（如建筑、天文、地理等）。

如图4-4为鲁迅美术学院学生李东来的作品，作品灵感来源于光影。设计师通过仔细观察光影的特性，提炼总结出设计元素。元素可以是事物的形态特征或精神意象。运用形式美法则将提炼元素与服装廓型、服装结构结合起来进行创意设计。

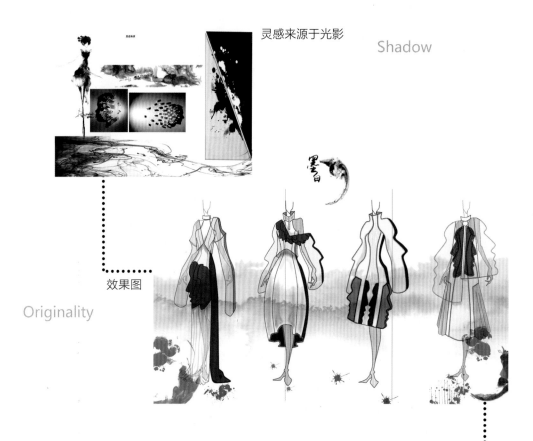

灵感来源于光影　Shadow

效果图

Originality

成衣效果　Ready to wear

图4-4 仿生设计（作者：李东来，鲁迅美术学院）

图 4-5 灵感来源于蘑菇、水母等生物。提炼出密集线性元素及椭圆廓型运用形式美法则，结合人体及服装部位设计出系列造型服装。

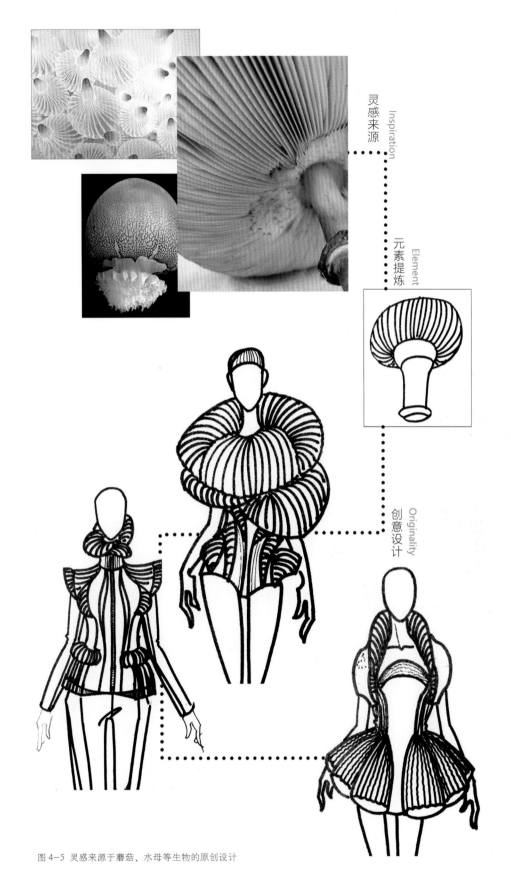

图 4-5 灵感来源于蘑菇、水母等生物的原创设计

三、边做边设计，直接造型设计法

边做边设计，即制作前无特定的造型形象，将布料在人台上直接造型。运用前面讲述的各种服装造型方法处理布料，得到布料与人体间的偶然关系，根据一定的审美原则将造型固定下来。

设计师可以在服装造型的同时触发灵感及审美感觉，边做边进行服装的创意造型设计，这种做法偶然性很强，所获得的立裁作品可能在创意性上更佳。

组图 4-6、组图 4-7 中的作品，都为边做边设计得到的偶然服装形态。

以上介绍的设计方法并不是绝对的，各方法之间是可以互相渗透、融会贯通的。在设计作品时，不应拘泥于一种设计方法或表现形式，应放开思路，广泛猎取灵感信息，打破思维的界限。在日常的学习生活中，应注意对事物的观察与灵感的收集捕捉，经常性的设计练习也有助于好作品的诞生。

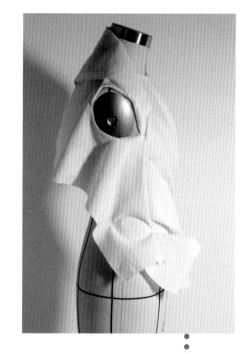

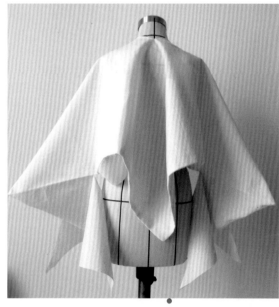

组图 4-6 边做边设计，直接造型设计法创造的作品 1

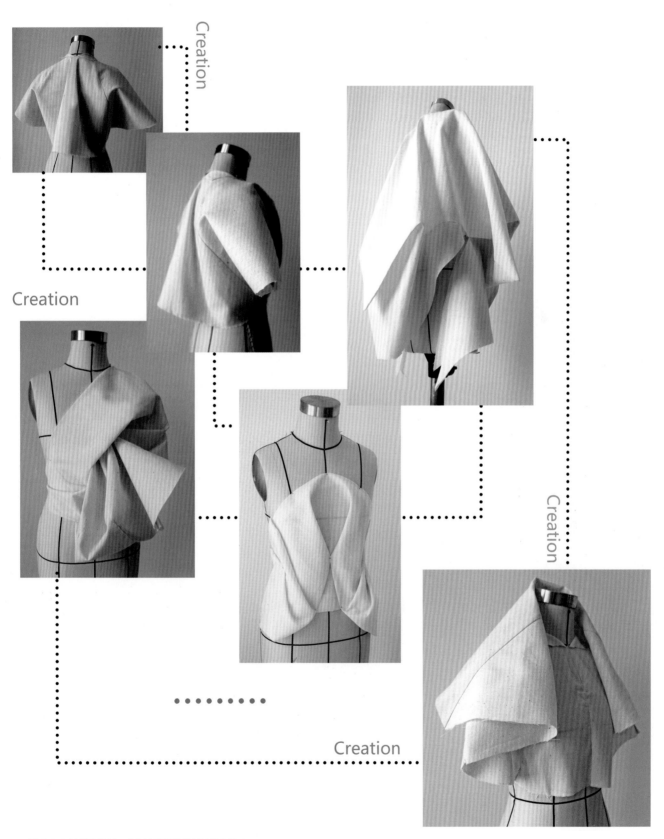

组图 4-7 边做边设计，直接造型设计法创造的作品 2

第二节 创意立体裁剪的制板过程

一、认真分析设计效果图并画出服装结构草图

当确定了所要制作的服装款式后，要分析出服装的结构衣片，即画出服装结构草图，方便在人台上标线确定。图4-8~图4-13是几款服装结构草图样例。

图4-8 服装结构图（作者：黄田雨）   图4-9 服装结构图（作者：卢帅稳）

图4-10 服装结构图（作者：陈梦）

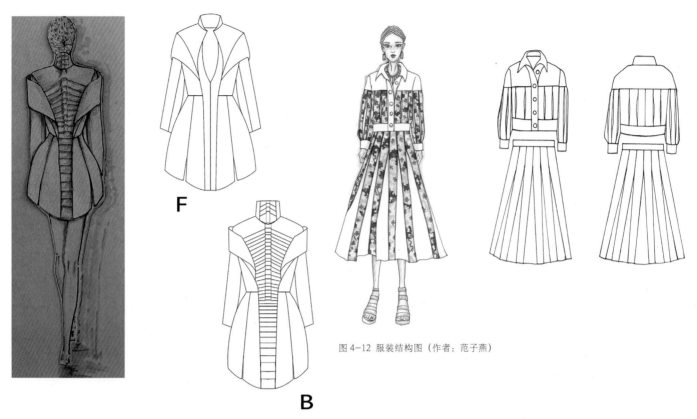

F

B

图 4-12 服装结构图（作者：范子燕）

图 4-11 服装结构图（作者：王冬越）

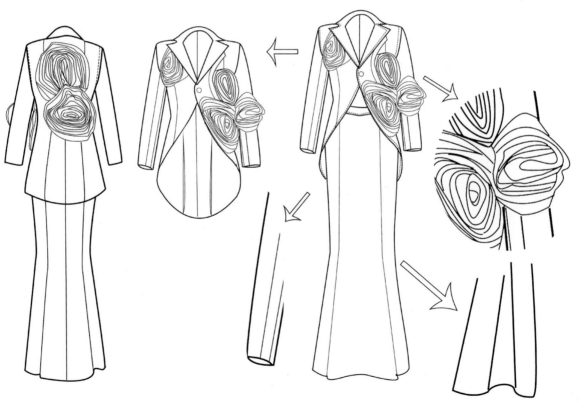

图 4-13 服装结构图（作者：马云静）

二、标线及制作塑形基础

（1）根据服装结构草图，在人台上标线。在勾画结构草图及人台标线时都要注意服装的比例关系（服装的比例关系见第113页内容）。如果服装是左右对称的，则只需打出右半身版型即可，标线也只标右半身，如组图4-14。如果服装是左右不对称的，则需标画全身标线并打出全身版型，如图4-15。

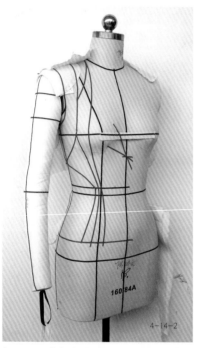

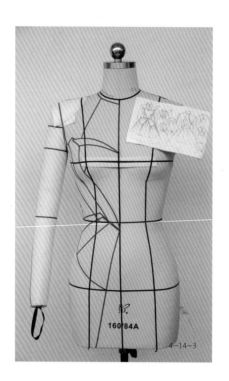

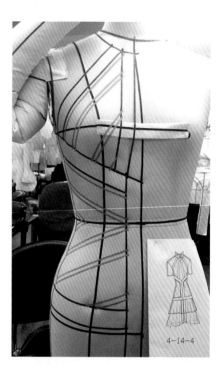

组图 4-14 左右对称标线

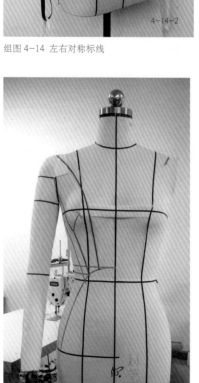

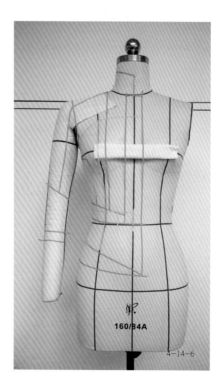

图 4-15 左右不对称标线

（2）对于一些具有特殊造型的服装，在标线前应将所需的造型塑造出来，如各种裙型裙撑、特殊形态的垫肩、臀垫、腰垫等。然后在所塑造的撑垫及人台之上将服装的结构造型顺畅地标画出来。

牛皮纸裙撑是立体裁剪制板中非常常见的裙撑形式。常常用于鱼尾裙或多分割线长裙的打板制作。由于人台的长度有限，只到臀部稍下，人台下部没有支撑，若做鱼尾裙等长裙类服装，不易塑造面料。故做此类裙子时，可先用牛皮纸在人台上裹出裙型，然后在牛皮纸上标线。在牛皮纸裙撑的支撑下，打裙子的版型，裙子制作好后，要将牛皮纸拆下。

组图 4-16 便是在牛皮纸裙撑的基础上制作出的鱼尾蓬蓬裙裙撑。

组图 4-16 在牛皮纸裙撑的基础上制作出的鱼尾蓬蓬裙裙撑

图 4-17 钟形裙撑

组图 4-19 腰部有小支撑的裙型

图 4-18 腰部有小支撑的裙型

图 4-17 为钟形裙撑，是比较常见的裙型裙撑，穿着时裙撑放在裙子里侧，不能拆掉。

图 4-18、组图 4-19 为腰部有小支撑的裙型，不需制作大裙撑，只需将腰部鼓起部位做部分裙撑，然后在其上打板制作。

三、打板

1. 估算面料

根据确定的结构线，用软尺估算面料尺寸。可在结构草图上记录整理各衣片所需面料尺寸。整理时要有耐心，应认真仔细地记录，然后将坯布一并裁出，节省时间，如组图4-20。

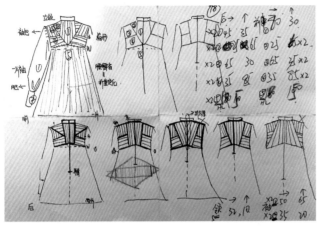
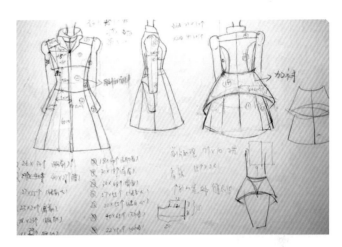

组图4-20 草图（估算面料）

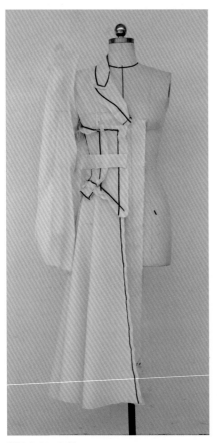

组图 4-21　打板

2.裁坯布、打板

　　根据草图上记录的面料尺寸裁剪坯布，为了避免混淆，坯布裁下后要马上标出面料纱向及布片的结构名称。

　　打板，根据效果图及人台结构标线，使用裁剪好的坯布进行立体裁剪制板，如组图 4-21。

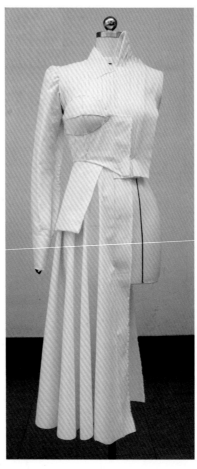

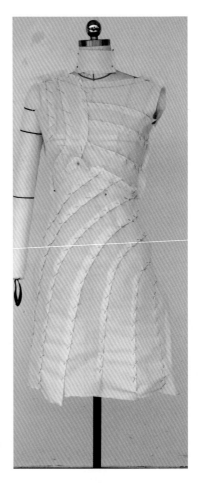

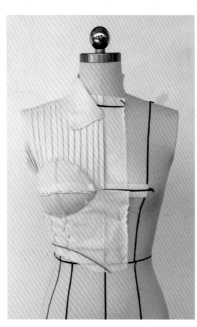

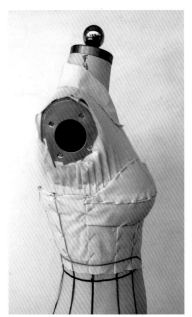

3. 黏合衬及打板纸的使用

在打板过程中，遇到服装造型立体感较强的款式时，需要将坯布熨烫适合的黏合衬后再进行打板制作。黏合衬是一种涂有热熔胶的衬里，是布艺制作经常用到的辅料之一。黏合衬经过加温熨压附着在布料的背面，当布料需要表达挺括、厚度及立体效果时可以选择硬度合适的黏合衬。黏合衬的种类繁多，大体上分为有纺衬（布衬）、无纺衬（纸衬）及树脂衬（最硬）等。

（1）有纺衬（布衬）：有纺黏合衬是以针织布或者梭织布为底布，最常用的是梭织布。有纺黏合衬常用于服装主体或重要位置。白坯布熨烫上有纺衬后，会显得有质感、软硬适度、不易出褶，比单纯的坯布更易出褶皱，有廉价感，但面料更自然顺畅。有纺黏合衬有软硬之分，应根据款式需要进行选择。

如组图 4-22 中，没有黏衬的作品，面料显得单薄，不平整。全身黏有纺衬的作品，面料挺实有质感，更显工整。

当然，并不是所有作品都应全身黏有纺衬，而是应根据款式的特点或一件服装中不同部位的特点，有的放矢地选择是否黏有纺衬。未黏衬坯布更加自然、流畅，更适用于褶皱较多的服装款式。黏有纺衬的坯布虽然工整、挺括，但制作自然顺畅的服装款式时会稍显死板。

未黏衬作品

全身黏有纺衬作品

组图 4-22 作者：孙楠、魏丽丽

（2）无纺衬（纸衬），无纺黏合衬是以非织造布（无纺布）为底布的衬，缺乏有纺衬的柔软度，相对有纺黏合衬价格上也较低廉。无纺衬有厚薄之分，要根据服装造型的立体程度来选择无纺衬的厚度，无纺衬厚度越厚，熨烫出的布料也越厚越硬，越能支撑立体效果。但对于非常立体的服装造型，需要加熨很多层无纺衬才能达到立体支撑效果，故对于立体感强的造型，更多选用树脂衬。

如组图 4-23 中两款作品，在稍有挺起的立体部位选用了较厚的纸衬起到支撑面料及造型的作用。

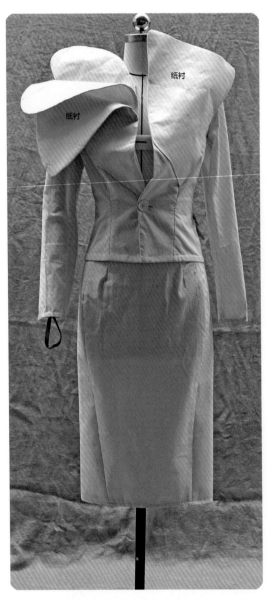

组图 4-23 黏纸衬作品（作者：林妍、李小菲）

（3）树脂衬是最硬的一种黏合衬，常用于帽子、皮包等的制作。在立体裁剪中，因为树脂衬的硬度对立体造型能够起到很好的支撑作用，故多用于立体造型强烈的服装部分。

如组图4-24、组图4-25，服装中层层漩涡的立体结构，选用了最厚最硬的树脂衬进行塑造。

由于熨烫黏合衬需要一定的时间及成本，故对于不是很贴身的服装造型结构，常常选用打板纸直接在人台上制板，使用打板纸不仅节约成本，更节省了熨烫黏合衬的时间。当然在最后的成衣制作中，还是需要选用合适的黏合衬熨烫在成衣面料上使用。

组图4-24 使用树脂衬的立裁作品

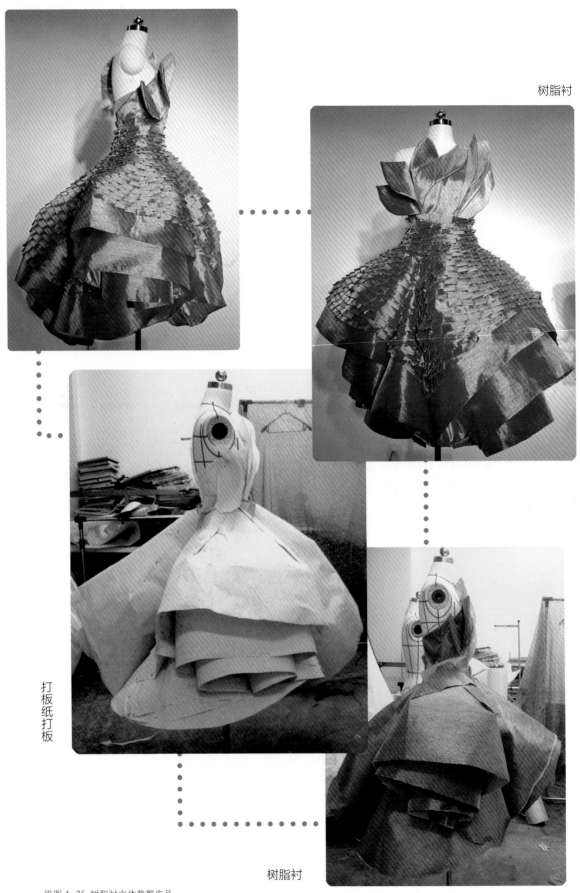

树脂衬

打板纸打板

树脂衬

组图 4-25 树脂衬立体裁剪作品

4. 比例

服装的版型打好后，要再一次审视服装的比例关系是不是符合视觉审美，不合适的比例关系要及时调整。

好的立体裁剪作品，不但要服装有型、技术准确、做工完美，更重要的是拥有优美的比例关系。比例在服装设计作品中非常重要。

服装的比例关系可遵循以下比例原则：

（1）黄金比例，黄金分割值为 1：0.618。即服装一部分的长度可以设置为整体长度的 0.618 比例，这种比例最能产生美的视觉效果。

（2）上短下长、上长下短的比例原则。即服装的上身和下身比例遵循上短下长或上长下短的比例原则。此种比例方法经常用于服装设计制作。上短下长或上长下短可以在视觉上形成一种互补关系，使服装能够满足视觉的需求，具备一定的层次节奏感。

在服装设计打板中切忌不要将上下身比例设计成一般长短，这种比例关系的服装给人感觉平淡、无味，不符合人们的视觉审美需要。

组图 4-26 中，18 号作品为学生李艾丽参加"第五届中国立体裁剪服装造型设计大赛"中立体裁剪现场操作比赛环节制作的。在这次比赛中，李艾丽获得了铜奖。可以看出 18 号作品遵循了上短下长的比例原则，而旁边的两款作品则犯了上下身比例一般长短的禁忌。视觉效果孰好孰坏非常明显。

在立体裁剪制板过程中，在标线、确定服装长短比例及对版型的最后审查时，应仔细斟酌，反复确定。时不时地站远些观察自己的作品，审视服装整体的比例效果，及时调整。

原作

复制作品

组图 4-26 三款复制作品中，18 号作品比例最优美，视觉效果最好

四、拓板并制作完成

在人台上将服装打板后，要 360° 观察服装，每一个角度都力求完美。需检查服装各部位的比例是否优美协调、服装与人体之间的空间形态是否有型合理、服装的松度是否合适等。

在人台上的版型确定后，就可以进行标线拓板，得到平面的版型用于成衣的制作，如组图 4-27。

组图 4-27 拓板

（作者：何淼）

五、完整过程案例

（一）作品一（组图 4-28）

服装结构图

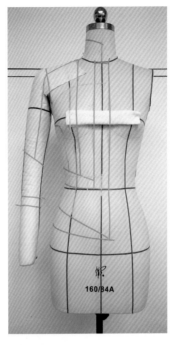

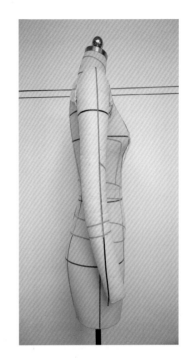

人台标线

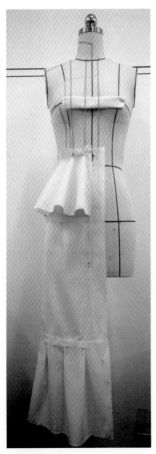

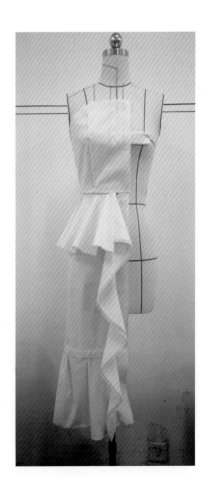

组图 4-28 完整过程案例 1（作者：黄田雨）

打板过程

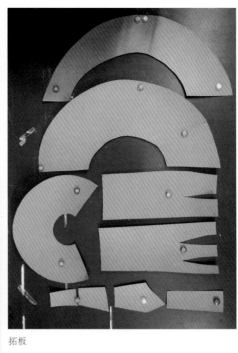

拓板

组图 4-28（续）完整过程案例 1
（作者：黄田雨）

打板过程

成衣效果

（二）作品二（组图4-29）

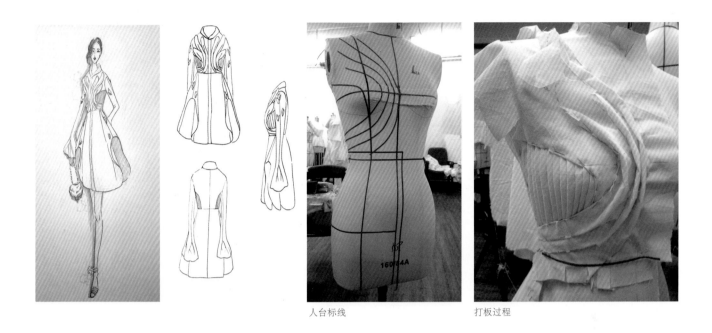

人台标线　　　　　　　　打板过程

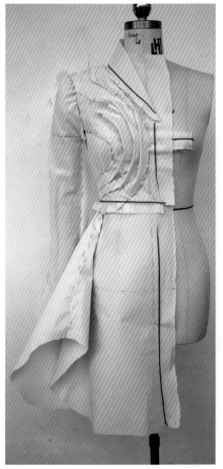
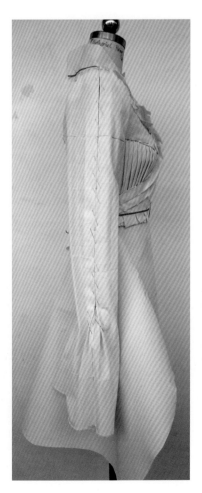
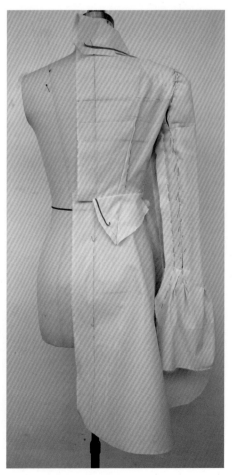

打板过程

组图4-29 完整过程案例2（作者：刘洋）

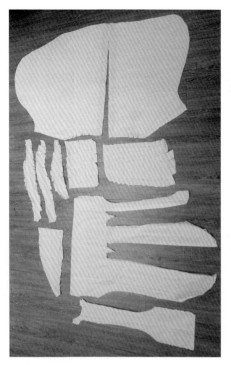
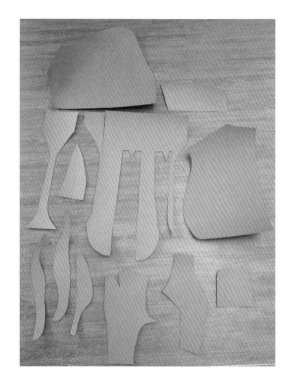

拓板

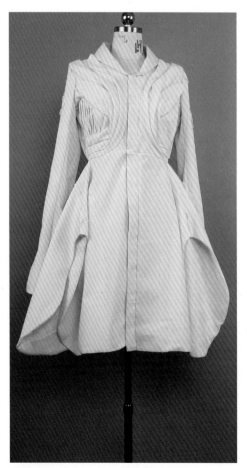
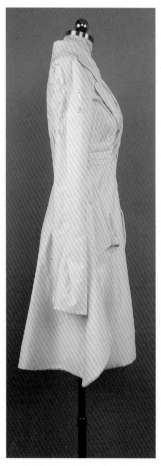

成衣效果

组图 4-29（续）完整过程案例 2（作者：刘洋）

（三）作品三（组图4-30）

效果图、结构图

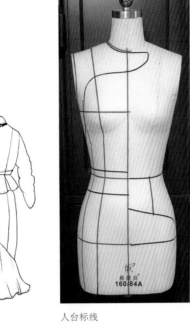
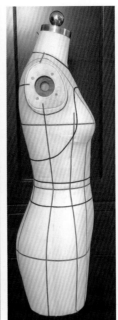
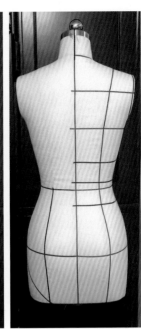

人台标线

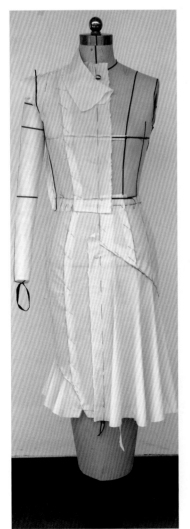
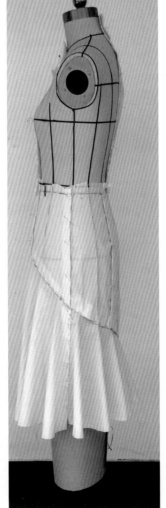

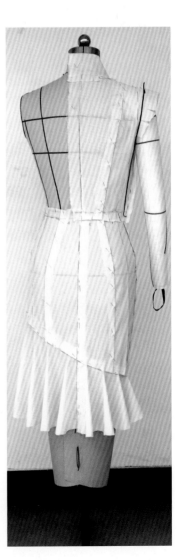

打板过程

组图4-30 完整过程案例3（作者：站文淼）

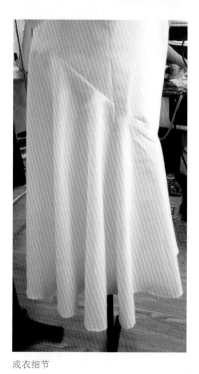

成衣细节

成衣效果

组图 4-30（续）完整过程案例 3
（作者：站文淼）

（四）作品四（组图 4-31）

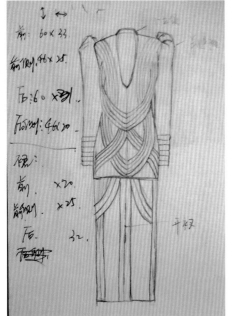

结构图草图

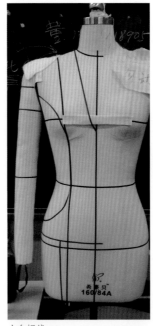
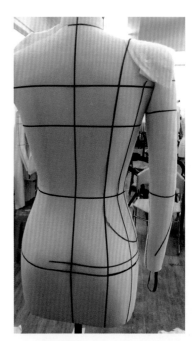
人台标线

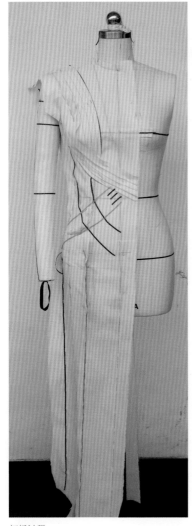

打板过程

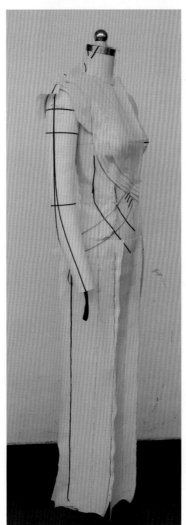
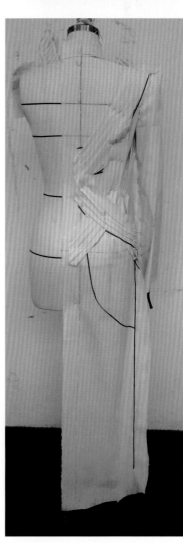

组图 4-31 完整过程案例 4（作者：陈美静）

成衣效果

组图 4-31（续） 完整过程案例 4（作者：陈美静）

第三节 大师作品复制要点解析

图 4-32 Dice Kayek 2017 春夏设计作品

　　Dice Kayek 是来自伊斯坦布尔的设计师姐妹花创建的，是土耳其知名时装与高高级定制品牌。建筑感的廓型、经典大袖子、注重立体造型是该品牌的特点。

　　复制要点：此款作品为细腰、大裙摆的 X 形廓型，作品最大特点为下身百褶裙。制作时，应先制作裙撑，再在其上使用斜丝叠褶的方式塑造百褶造型。由于裙型特点，叠褶量应是腰围线处叠进量小，裙摆处叠进量较大的发射形百褶。

图4-33 Delpozo 2017/18 秋冬设计作品

Delpozo 是西班牙设计师 Jesus del pozo 于 1974 年成立的个人同名品牌。现任设计师为西班牙人 Josep Font。Delpozo 的作品雕塑感极强，具有个性化立体结构，且十分善于运用色彩。

复制要点：此款作品上衣廓型宽大，搭配简练高腰裤，洒脱、干练。制作重点为上衣领型及袖子，难点为领子造型。制作时，应注意领子为传统西装领的变形，仍为上翻领与衣身翻领的两片式结构。衣身绱领线较高且宽，拼接线藏在领子的褶窝里。上翻领与衣身拼接时捏出褶窝造型，并且后背翻领的领面宽度较大。

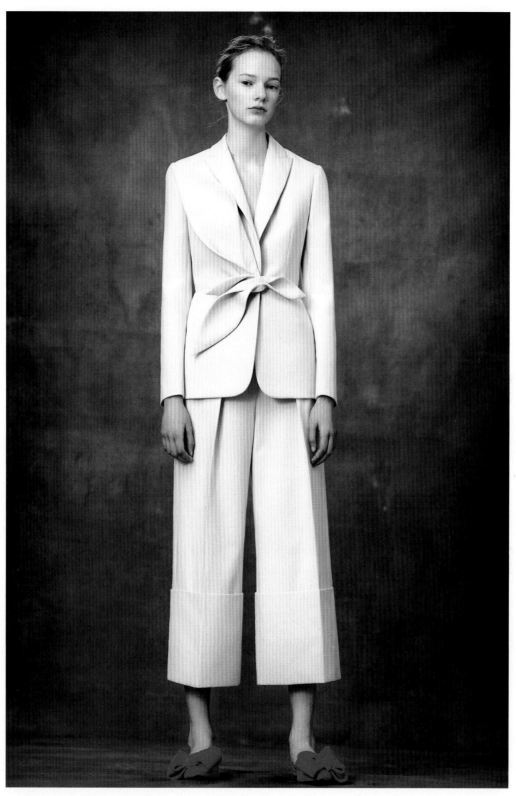

图4-34 Delpozo 2017 早秋设计作品

　　复制要点：此款 Delpozo 套装优雅修身，制作时遵循修身西装的制板方法即可，但注意服装的箱型结构要到位。腰部的叶片状立体造型则用布片拟形造型即可做出。

图4-35 Christian Dior 2017/18 秋冬高级定制

Christian Dior 是时尚界的经典品牌，现任设计师为 Maria Grazia Chiuri。

复制要点：此款礼服飘逸、优雅，斜丝裙摆动感十足。此款服装的制作重点及难点为上身部分的斜向结构分割，制作时应将胸腰省量处理进斜向分割线中。裙摆的摆量在制作时也具有一定难度，裙摆与斜向衣片为一块布，在放出裙摆的起点处，应开剪倒进每条裁片所需要的裙摆量，此时裙摆已成斜丝。

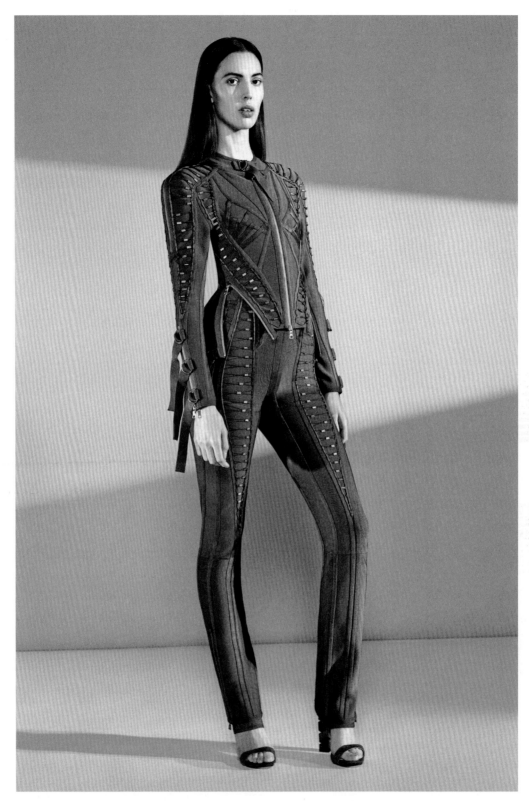

图 4-36 Max Azria 设计的 Herve Leger 2016 早秋作品

Herve Leger 致力于塑造女性完美的形体，突显女性的优美。作品注重衣身结构分割线，以结构线的分割方式为设计重点。服装每一处裁剪都紧贴身体，雕刻出女性完美的体形，因而形象地得到"绷带礼服"的名称。

复制要点：在复制 Herve Leger 的礼服时，应注意衣片结构线的位置，注意每片结构间的比例关系，结构线中应处理进胸腰省量。需要注意的是，虽然服装比较紧身，但也应在适当位置留取较适当的活动松度。

参考文献

1.[日] 日本文化服装學院 . 立体裁断 · 基礎編 [M]. 日本东京：文化學園文化出版局，2014.

2. 邱佩娜 . 创意立裁 [M]. 北京：中国纺织出版社，2014.

3.Karolyn Kiisel. ドレーピング（日本版）[M]. 日本东京： 文化學園文化出版局，2014.

4.[日] 中道友子 . パターンマジツク [M]. 日本东京： 文化學園文化出版局，2014.

5. 刘晓刚 . 服装设计概论 [M]. 上海：东华大学出版社，2008.